企业网络安全防护

中级

上海海盾安全技术培训中心　组织编写

樊亦胜　江　雪　主　　编

向　荣　赵瑞华　副主编

张月红　主　　审

高等教育出版社·北京

内容简介

本书为 1+X 职业技能等级证书配套系列教材，以《企业网络安全防护职业技能等级标准（中级）》为依据，由上海海盾安全技术培训中心组织编写。

本书从当前企业实际情况与安全需求出发，介绍企业网络安全防护的相关知识、技术与应用。全书采用项目任务编写模式，共分为 3 部分，主要内容包括系统安全配置、网络安全设备配置、应用安全配置。

本书配有微课视频、课程标准、电子课件（PPT）、习题解答等数字化学习资源。与本书配套的数字课程"企业网络安全防护"将在"智慧职教"网站（www.icve.com.cn）上线，学习者可以登录网站进行在线学习及资源下载，授课教师可以调用本课程构建符合自身教学特色的 SPOC 课程，详见"智慧职教"服务指南。教师也可发邮件至编辑邮箱 1548103297@qq.com 索取相关教学资源。

本书可作为企业网络安全防护 1+X 职业技能等级证书（中级）认证的相关教学和培训教材，也可作为网络信息安全领域的技术人员、管理人员的自学参考书。

图书在版编目（CIP）数据

企业网络安全防护：中级／上海海盾安全技术培训中心组织编写；樊亦胜，江雪主编．--北京：高等教育出版社，2021.6

ISBN 978-7-04-056128-9

Ⅰ．①企… Ⅱ．①上… ②樊… ③江… Ⅲ．①企业-计算机网络-安全技术-高等职业教育-教材 Ⅳ．①TP393.180.8

中国版本图书馆 CIP 数据核字（2021）第 091829 号

Qiye Wangluo Anquan Fanghu（Zhongji）

策划编辑 刘子峰	责任编辑 刘子峰	封面设计 赵 阳	版式设计 于 婕
插图绘制 于 博	责任校对 刘丽娴	责任印制 韩 刚	

出版发行	高等教育出版社	网　　址	http://www.hep.edu.cn
社　　址	北京市西城区德外大街 4 号		http://www.hep.com.cn
邮政编码	100120	网上订购	http://www.hepmall.com.cn
印　　刷	涿州市星河印刷有限公司		http://www.hepmall.com
开　　本	787mm×1092mm　1/16		http://www.hepmall.cn
印　　张	19.75		
字　　数	430 千字	版　　次	2021 年 6 月第 1 版
购书热线	010-58581118	印　　次	2021 年 6 月第 1 次印刷
咨询电话	400-810-0598	定　　价	52.50 元

本书如有缺页、倒页、脱页等质量问题，请到所购图书销售部门联系调换
版权所有　侵权必究
物 料 号　56128-00

    "智慧职教"是由高等教育出版社建设和运营的职业教育数字教学资源共建共享平台和在线课程教学服务平台，包括职业教育数字化学习中心平台（www. icve. com. cn）、职教云平台（zjy2. icve. com. cn）和云课堂智慧职教 App。用户在以下任一平台注册账号，均可登录并使用各个平台。

    ● 职业教育数字化学习中心平台（www. icve. com. cn）：为学习者提供本教材配套课程及资源的浏览服务。

    登录中心平台，在首页搜索框中搜索"企业网络安全防护"，找到对应作者主持的课程，加入课程参加学习，即可浏览课程资源。

    ● 职教云（zjy2. icve. com. cn）：帮助任课教师对本教材配套课程进行引用、修改，再发布为个性化课程（SPOC）。

    1. 登录职教云，在首页单击"申请教材配套课程服务"按钮，在弹出的申请页面填写相关真实信息，申请开通教材配套课程的调用权限。

    2. 开通权限后，单击"新增课程"按钮，根据提示设置要构建的个性化课程的基本信息。

    3. 进入个性化课程编辑页面，在"课程设计"中"导入"教材配套课程，并根据教学需要进行修改，再发布为个性化课程。

    ● 云课堂智慧职教 App：帮助任课教师和学生基于新构建的个性化课程开展线上线下混合式、智能化教与学。

    1. 在安卓或苹果应用市场，搜索"云课堂智慧职教"App，下载安装。

    2. 登录 App，任课教师指导学生加入个性化课程，并利用 App 提供的各类功能，开展课前、课中、课后的教学互动，构建智慧课堂。

    "智慧职教"使用帮助及常见问题解答请访问 help. icve. com. cn。

企业网络安全防护（中级）
编写委员会

　　随着我国信息化建设的不断推进，网络和信息技术迅猛发展，网络空间安全问题日益突出。"没有网络安全就没有国家安全""建设网络强国，要把人才资源汇聚起来，建设一支政治强、业务精、作风好的强大队伍"。面对当前复杂的网络安全形势以及海量庞杂的网络安全保卫工作，为了维护网上政治安全和信息网络秩序，急需完善网络安全人才队伍的培养和评价体系，提升网络安全行业从业人员整体素质，培养出一支具备特殊、特需职业技能的网络空间安全技术技能人才队伍。作为教育部批准的第三批 1+X 培训评价组织，上海海盾安全技术培训中心以《企业网络安全防护职业技能等级标准》为依据，组织编写了本系列 1+X 职业技能等级证书配套教材。

　　为适应 1+X 证书制度试点工作需要，本系列教材将职业技能等级标准有关内容及要求融入教学内容，推进书证融通、课证融通。全系列教材遵循"任务驱动、项目导向"，以企业网络安全岗位工作者为参照，以企业网络安全面临的实际工作任务为主线，精心设计职业标准，设置了一系列学习任务，并根据工作任务难易程度分为初级、中级、高级 3 册，深入浅出、层次分明，便于教师采用项目教学法引导学生快速消化知识、掌握技能，并最终通过相应等级证书考核要求。

　　本书分为系统安全配置、网络安全设备配置、应用安全配置 3 部分，主要内容包括 Windows 操作系统安全配置、Linux 操作系统安全配置、数据库安全配置、WAF 安全配置、入侵检测/防御安全配置、安全网络构建、应用服务安全配置、信息安全管理以及数据安全处理共 9 个项目。

　　建议授课教师安排 64 学时进行理论与实践讲解，还可安排 1 周的综合实训进行巩固练习，具体学时分配见表 0-1。

表 0-1

序号	内　　容	分配学时建议	
		理论	实践
1	第 1 部分：系统安全配置	6	15
2	第 2 部分：网络安全设备配置	6	16
3	第 3 部分：应用安全配置	6	15
4	企业网络安全防护综合实训	—	1 周
合计		18	46+1 周

　　本书由上海海盾安全技术培训中心组织编写，樊亦胜、江雪任主编，向荣、赵瑞华任副主编，陆臻铭、王磊、荣漪涛、姚昉、吴雷、李维豪、叶雷鹏、王伦、刘云和张映薇参与了编写工作。全书由张月红主审。

　　在本书的编写过程中，公安部网络安全保卫局、中国网络空间安全协会、公安部第三研究所、国家网络与信息系统安全产品质量监督检验中心、公安部信息安全等级保护评估中心、北京网络行业协会、上海市信息网络安全管理协会、广西网络安全协会、中国人民公安大学、常州信息职业技术学院、深圳职业技术学院、上海电子信息职业技术学院、上海杉达学院、上海建桥学院、上海公安学院、广西警察学院、西安交通大学、上海交通大学网络信息中心、中信银行上海分行、中国电信股份有限公司上海分公司、北京神州数码云科信息技术有限公司、杭州安恒信息技术股份有限公司等单位和院校提供了许多宝贵的建议和意见，给予编写工作大力支持及指导，在此郑重致谢。

　　由于网络安全技术发展日新月异，加之编者水平有限，书中不妥之处在所难免，恳请广大读者批评指正。

编 者
2021 年 2 月

第 1 部分　系统安全配置

第 2 部分　网络安全设备配置

第 3 部分　应用安全配置

第1部分
系统安全配置

　　Windows 是由微软公司发布的图形界面操作系统，问世于 1985 年，最初只是 DOS 系统的模拟环境，后续逐渐改版更新，成为现在使用最广泛的操作系统之一。该系列操作系统具有非常友好的人机界面环境，能给使用者带来非凡的使用体验，且非常容易上手，就算从来没有接触过计算机的人，通过鼠标和键盘也能轻松实现相关操作，因此得到了广泛地认可和使用。

　　Windows 操作系统也推出了多款服务器版本，从最早的 Windows NT 4.0 Server 到最新的 Windows Server 2019。服务器版本的推出使大量的应用服务拥有了运行平台，而便捷的平台搭建流程以及稳定的系统运行，使相关服务得以正常使用，因此 Windows 在服务器应用领域也占据了一席之地。

　　此外，Windows 操作系统也推出了移动版，即 Windows Mobile，并采用了用户熟悉的 Windows 桌面系统的操作界面，使其在手机终端领域也占据了一定的市场份额。

学习目标

　　熟悉 Windows 操作系统的相关基础理论知识，掌握 Windows 操作系统的基本优化流程，能熟练进行各类配置操作。

知识目标

1）理解 Windows 账户和权限的相关知识。

2）了解 Windows 文件的权限定义和相关设置。

3）了解远程桌面连接的相关知识。

4）掌握 Windows 审核策略和组策略的相关内容。

5）了解 Windows 自带防火墙的基本配置。

6）掌握 Windows 系统备份还原的方法，数据加密/解密的方法。

技能目标

1）学会建立系统账户及配置账户策略。

2）学会设置文件及文件夹权限。

3）学会设置 Windows 自带防火墙。

4）学会连接远程桌面。

5）学会对系统进行安全审核。

6）学会设置系统组策略。

7）学会 Windows 系统备份和还原操作以及 EFS 加密/解密技术。

相关知识

Windows Server 2016 是微软公司于 2016 年 10 月 13 日正式发布的基于 Windows 10 1607 版（LTSB）内核所开发的服务器操作系统。网络操作系统作为网络安全的最小单元，其安全性将直接影响用户的使用体验和网络安全，因此如何提高系统平台的安全性，通过分析确定操作系统及服务程序的弱点，并引入适当的更改和策略，保护操作系统及其服务程序免受攻击的方法被称为系统平台的加固。

1. Windows Server 2016 的安全设置

主要从以下 4 个方面进行相关的配置：

（1）账户及访问权限设置

通过用户账户可以确定访问者的权限，分配特定的资源，是用户获得访问权限的关键。Windows 操作系统主要采用账户和密码认证的方式进行，因此在账户策略设置和密码策略设置方面必须特别进行关注。例如，密码设置符合复杂性要求，密码长度设置为至少 8 位，等等。

（2）系统备份和还原设置

系统的备份和还原是保证数据资料不丢失、不被破坏的非常有效的手段，在系统运行正常的状态下对系统现有状态进行备份，当系统发生被病毒或黑客攻击时就可以进行数据的还原操作，从而更好地保护数据资源。

（3）使用 BitLocker 进行驱动器加密

使用 BitLocker 功能可以对磁盘进行加密操作，从而防止隐私信息的泄露和丢失等情况的发生。

（4）Windows 自带防火墙操作

防火墙作为网络安全防护技术的重要手段，被广泛地应用。防火墙可以有很多种划分方式，如分为软件防火墙和硬件防火墙等。Windows 自带防火墙就具有一定的防护功能，可以隔绝内网和外网，实现入站规则制定、出站规则制定、连接安全规则等内容的设置。通过设置自带防火墙，可以阻拦恶意程序的攻击，从而保护正常访问网络的需求。另外，防火墙也需要定期进行策略制定维护。

用户在使用 Windows 操作系统时需要考虑如何进行系统平台的加固操作，其核心思路是首先需要减少无用软件、服务和进程的数目，其次在持续提供对资源的访问的同时，要使所有的软件、服务和进程配置处于最安全的状态，最后尽可能避免系统对其身份、服务以及功能等信息的泄露。

2. 系统平台的加固

一般包括以下 4 步：

（1）确定目标系统的用途

根据调研完成相关问题的解答：为什么需要建立这个系统平台？谁将对这个平台负责？该系统将满足怎样的业务需求？需要提供哪些服务？谁将访问该系统？这个平台系统需要提供哪些访问资源？

（2）评定系统是否符合最初要求

通过对系统用途的确定，首先评估系统硬件、软件是否可以满足相关的用途需求，包括硬件配置、软件版本、端口配置、用户信息配置等内容。

（3）根据目标系统的需求，制定安全策略

根据需求制定安全策略，包括物理安全策略、系统软件策略、网络配置策略、文件管理策略和用户权限管理策略等。

（4）采用标准构件的方法实施系统平台的加固

采用标准构件的方法，分别针对不同的对象开发不同的配置文件，独立测试并进行标准化运行。通过该流程可以使系统加固流程标准化和简单化，从而更方便普通使用者进行简易加固操作。

任务 1-1　配置、管理系统账户及文件访问权限

任务描述

某公司新采购了一批服务器，作为网络安全人员，要求对这些服务器进行基本的网络安全防护配置，包括账户策略的设置和文件系统权限设置两个方面，从而保证服务器及其相关数据的安全。具体操作要求如下：

1）设置账户策略，要求密码遵循复杂性要求，并且设置密码长度最小值为 8 个字符，最长使用期限为 30 天，账户锁定阈值为 2 次，账户锁定时间为 20 分钟并重置。

2）为管理员账户 Administrator 设置强密码为 ASDqwe123！@#，并重命名为 test1。

3）新建伪账户，命名为 Administrator，同样设置强密码为 P@ssW0rd，密码永不过期，用户不能更改密码，禁用该账户，并使该账户隶属于 Guests 组。再使用 test1 账户登录，新建两个测试账户，分别为 test2 和 test3，密码均为 P@ssW0rd。

4）使用组策略设置策略禁止 test1 用户通过远程桌面服务登录，禁止 Guest 用户进行本地登录。

5）新建文件夹 C：\TEST，并在该文件夹下新建文件 ABC.TXT，使 test2 用户对该文件夹具有完全控制权限，但要求去除删除权限和删除子文件及文件夹权限。

6）审核 ABC.TXT 文件，开启 Administrator 账户对该文件成功写入的审核策略，并且使 test3 用户可以通过远程文件共享访问 D 盘所有文件和文件夹。

知识准备

1. 管理员账户

微软公司自 Windows NT 版本起就将 Administrator 作为系统默认的管理员账户。该账户具有最高权限，能控制几乎所有的系统资源，隶属于 Administrators 组，不可被移出管理员组，但可以重命名或禁用。

Administrator 用户的初始密码是空的，如果没有安装防火墙，黑客就很容易通过该账户入侵计算机。因此在新安装 Windows 操作系统的计算机中，首先必须做的事情就是进行管理员账户密码的设置。

2. 强密码设置

强密码是指密码中包括大写字母、小写字母、特殊符号、数字，例如 P@ssW0rd 就是一个最典型的强密码。在进行系统加固时，首先需要对管理员账户进行密码设置。配置密码的方法有多种，其一是使用 Ctrl+Alt+Delete 键直接进行密码的修改；其二是可以通过使用计算机管理中的本地用户和组，对相关用户进行密码的修改。

3. 陷阱账户设置

设置陷阱账户是指通过对原有管理员进行更名，并新建伪管理员用户，从而对管理员账号进行保护的操作。具体步骤如下：

1）修改 Administrator 账号为 Guestadmin，设置强密码，并禁用账户。

2）新建用户 Testadmin，设置强密码，并隶属于管理员组，用于日常使用。

3）新建用户并命名为 Administrator，设置强密码，并隶属于 Guests 组，作为陷阱账户。

4. 组策略设置

使用 Win+R 组合键，打开"运行"对话框，输入命令"gpedit. msc"可以打开组策略编辑器，在其中可以为系统设置多个组策略，包括控制面板、网络、系统和桌面等内容。

5. 账户审核策略

在账户审核策略中可以对策略更改、账户登录事件等内容进行成功与失败的审核设置，在安全选项中可以设计启动或禁用相关的安全策略。

微课 1-1
配置、管理
系统账户及
文件访问权限

任务实施

1. 设置账户策略

设置账户策略包括密码策略和账户锁定策略两个基本策略，具体步骤如下：

1）打开"服务器管理器"窗口，选择菜单栏中的"工具"→"本地安全策略"命令，如图 1-1 所示。

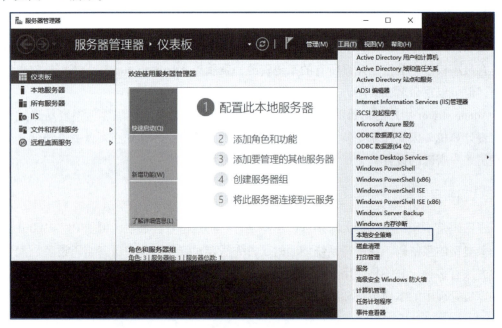

图 1-1

2）打开"本地安全策略"窗口，在左侧窗格中选择"账户策略"→"密码策略"项，将"密码必须符合复杂性要求"设置为"已启用"，"密码长度最小值"设置为"8 个字符"，"密码最长使用期限"设置为"30 天"，如图 1-2 所示。

3）在左侧窗格中选择"账户策略"→"账户锁定策略"项，设置"账户锁定阈值"为"2 次无效登录"，"账户锁定时间"为"20 分钟"，如图 1-3 所示。

图 1-2

图 1-3

2. 陷阱账户设置

通过对原有管理员账户进行更名并设置伪账户，对管理员账户进行保护操作。具体步骤如下：

1) 打开"服务器管理器"窗口，选择菜单栏中的"工具"→"计算机管理"命令，如图 1-4 所示。

2) 打开"计算机管理"窗口，在左侧窗格中选择"系统工具"→"本地用户和组"→"用户"项，右击 Administrator 账户，从弹出的快捷菜单中分别选择"设置密码"命令和

"重命名"命令，如图 1-5 所示。重命名 Administrator 账户为 test1，并设置账户密码为 ASDqwe123!@#，结果如图 1-6 所示。

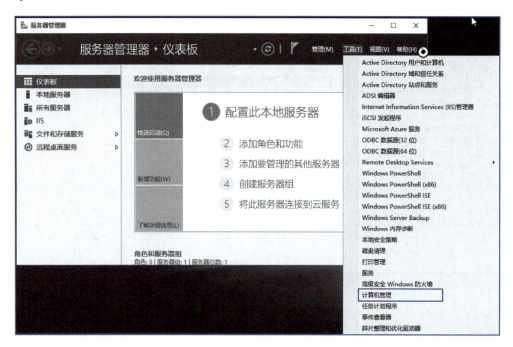

图 1-4

图 1-5

3）在"计算机管理"窗口中，在右侧窗体中右击，在弹出的快捷菜单中选择"新用户"命令，打开"新用户"对话框。输入用户名"Administrator"，设置密码为 P @ ssW0rd，选中"用户不能更改密码""密码永不过期"和"账户已禁用"复选框，最后单

击"创建"按钮，如图 1-7 所示。重新使用 test1 账户登录，使用相同的方法创建 test2 和
test3 账户，设置密码为 P@ssW0rd，如图 1-8 所示。

图 1-6

图 1-7

图 1-8

4）右击新创建的 Administrator 账户，在弹出的快捷菜单中选择"属性"命令，打开其属性对话框。选择"隶属于"选项卡，删除原有的 Users 组，添加 Guests 组，如图 1-9 所示。

3. 组策略设置

1）使用 Win +R 组合键打开"运行"对话框，输入组策略命令"gpedit. msc"，如图 1-10 所示，打开"本地组策略编辑器"窗口。

图 1-9   图 1-10

2）在左侧窗格中选择"计算机配置"→"Windows 设置"→"安全设置"→"本地策略"→"用户权限分配"项，然后在右侧的策略栏中双击"拒绝通过远程桌面服务登录"项,如图 1-11 所示。

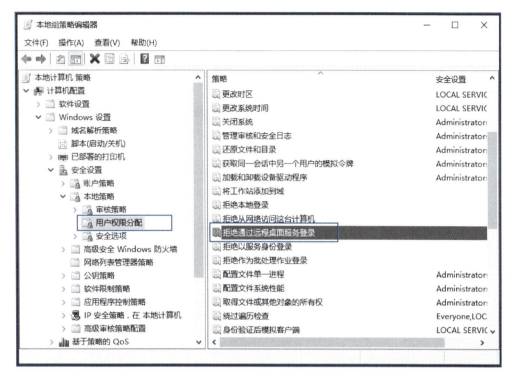

图 1-11

3)在打开的属性对话框中,单击"添加用户或组"按钮,在其中添加 test1 用户到策略中,禁止 test1 用户通过远程桌面服务登录,如图 1-12 所示。

4)同样在"本地组策略编辑器"窗口的左侧窗格中选择"计算机配置"→"Windows 设置"→"安全设置"→"本地策略"→"用户权限分配"项,然后在右侧的"策略"栏中双击"拒绝本地登录"项,如图 1-13a 所示。在打开的属性对话框中添加 Guest 用户,即可实现禁止 Guest 用户进行本地登录,如图 1-13b 所示。

图 1-12

4. 文件系统权限设置

1)在 C 盘根目录下新建文件夹 TEST 并在该文件夹下新建文本文件 ABC. TXT。右击

图 1-13

该文件夹，在弹出的快捷菜单中选择"属性"命令，打开其属性对话框。选择"安全"选项卡，单击"高级"按钮，如图 1-14a 所示。在打开的"TEST 的高级安全设置"窗口中选择"权限"选项卡，单击"添加"按钮，如图 1-14b 所示。

图 1-14

2）单击"选择主体"按钮，将 test2 用户添加到主体栏，然后选择"显示高级权限"项，取消选中"完全控制""删除子文件夹及文件"和"删除"复选框，最后单击"确定"按钮，完成权限的配置，如图 1-15 所示。

图 1-15

3）右击 ABC.TXT 文件，在弹出的快捷菜单中选择"属性"命令，打开其属性对话框。选择"安全"选项卡，单击"高级"按钮，在打开的"ABC 的高级安全设置"窗口中选择"审核"选项卡，单击"添加"按钮，将 Administrator 添加到主体栏，类型选择"成功"，结果如图 1-16 所示。

图 1-16

4）文件的审核权限设置完成后，还需要在本地安全策略中选择"安全设置"→"本地策略"→"审核策略"项，然后在右侧的"策略"栏中双击"审核对象访问"项，打开其属性对话框，选中"成功"复选框，再单击"确定"按钮完成设置，如图 1-17所示。

图 1-17

5）右击 D 盘，在弹出的快捷菜单中选择"属性"命令，打开其属性对话框。选择"共享"选项卡，单击"高级共享"按钮，打开"高级共享"对话框。选中"共享此文件夹"复选框，再单击"权限"按钮，将 test3 添加到"组或用户名"栏中，选中"完全控制""更改"及"读取"复选框，最后单击"确定"按钮完成设置，如图 1-18 所示。

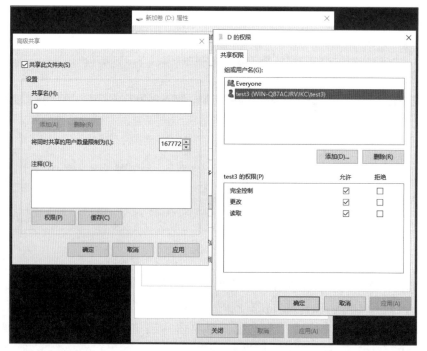

图 1-18

任务 1-2　配置、管理系统网络访问策略

任务描述

　　某公司新增了一台服务器，用于运行名称为 CCA 的业务系统，需要配置远程桌面进行管理。作为公司的网络安全防护人员，现需要对服务器进行基本的配置，具体的操作要求如下：

　　1）安装远程桌面服务，并授权 Alice 账户进行远程桌面访问。

　　2）禁止 Alice 账户本地登录，取消 Alice 账户远程关机权限并将"电源"对话框中的"断开连接"选项隐藏，设置远程桌面连接无时间限制。

　　3）设置 Windows 自带防火墙，要求分别添加出入站规则，运行 CCA 业务系统要求使用 TCP 的 2222 端口，因此要求开放该端口，规则命名为 CCA-TCP。

　　4）允许 C:\CCA\cca.exe 的出站连接，命名为 caa-good。

知识准备

1. 远程桌面访问

　　远程桌面连接组件是从 Windows 2000 Server 开始由微软公司提供的，但并不是默认安装的。当某台计算机开启了远程桌面连接功能后，就可以在另一台计算机上远程实时操控这台计算机，如安装软件或运行程序，所有功能就好像在本地执行一样，这样就可以实现网络管理员在家中安全地控制单位中的服务器。

　　此外，远程桌面的默认端口号是 3389，该端口是启用远程桌面必须开启的端口。但随着远程桌面的使用，该端口也存在一定的安全隐患，黑客一旦利用该端口进行攻击渗透，非常容易实现对远程桌面的控制，从而监控用户的操作使用或查看用户的桌面内容，对用户隐私造成威胁。因此，一般情况下都建议对该端口进行修改，从而保证系统安全。基于安全考虑，一般管理员会修改远程桌面的端口号，从而保证连接的安全性，具体修改方法如下：首先使用 Win+R 组合键打开"运行"对话框，输入命令"regedit.exe"，打开注册表；在菜单栏中选择"编辑"→"查找"命令，查找 PortNumber 的参数键值，当查找到路径为 TCP 及 RDP-TCP 的对应值后，就可以直接修改端口号。

2. Windows 自带防火墙

　　Windows 提供的防火墙称为 Internet 连接防火墙，它是 Windows 操作系统安装完成后自带的系统防火墙。它允许安全的网络通信通过它进入 Internet，同时拒绝不安全的通信，以使内部网络免受外来威胁。

　　Windows 操作系统安装完成后，可以通过在"开始"菜单中选择"控制面板"→"Windows 防火墙"命令，打开防火墙控制窗口。通过此窗口可以控制允许程序或功能通过 Windows 防火墙、更改通知设置、打开或关闭 Windows 防火墙、还原默认设置以及进行高级设置等。

　　Windows 防火墙最主要的功能有两项，其一是程序访问控制，其二是防火墙高级设置，如端口控制设置等。

　　1）程序访问控制是指通过对防火墙进行设置可以允许某些程序通过防火墙或者阻止其通过，具体设置步骤是单击"允许程序或功能通过 Windows 防火墙"选项，在弹出的窗口中可以设置相关允许或者阻止。

　　2）防火墙高级设置中包括出入站规则制定。当服务器上只运行 Web 服务器时，一般管理员为了安全考虑都会只开启该服务所需要的对应端口，而将其他端口均关闭。通过自带防火墙设置可以实现具体操作要求，其步骤为：打开防火墙，选择"高级设置"，在其中可以设置入站规则或出站规则，在其中可以设置相关的端口号，并设置相关策略，如允许连接、只允许安全连接和阻止连接等。

任务实施

1. 安装调试远程桌面服务

微课 1-2
配置、管理
系统网络访问
策略

　　1）打开"服务器管理器"窗口，选择菜单栏中的"管理"→"添加角色和功能"命令，如图 1-19 所示。

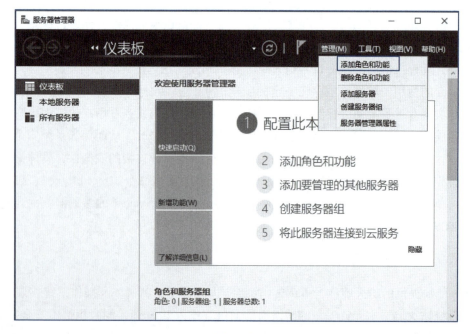

图 1-19

2）打开"添加角色和功能向导"窗口，单击"下一步"按钮，进入"选择服务器角色"界面，在"角色"列表框中选中"远程桌面服务"复选框，再单击"下一步"按钮，如图 1-20 所示。

图 1-20

3）在"选择角色服务"界面中选中"远程桌面会话主机"复选框，并单击"下一步"按钮继续安装，如图 1-21 所示。

图 1-21

4）安装完成后，重启虚拟机，结果如图 1-22 所示。

图 1-22

5）安装完成后还需要添加远程访问账户。打开"计算机管理"窗口，在左侧窗格中选择"本地用户和组"→"用户"项，在右侧窗格中右击 Alice 用户，在弹出的快捷菜单中选择"属性"命令，打开其属性对话框。选择"隶属于"选项卡，在其中删除原有的 Users 组，并添加 Remote Desktop Users 组，使该用户具有远程桌面访问的权限，如图 1-23 所示。

图 1-23

6）服务器端及访问账户权限设置完成后，可以在另一台计算机上使用远程桌面客户端对服务器进行远程桌面连接，从而进行测试。打开"远程桌面连接"对话框，输入需要进行远程桌面访问的服务器 IP 地址,单击"连接"按钮,系统会显示连接证书的情况,单击"是"按钮,就可以进行远程桌面连接访问。在此使用 Windows 7 作为客户端尝试连接,远程桌面连接效果如图 1-24 所示。

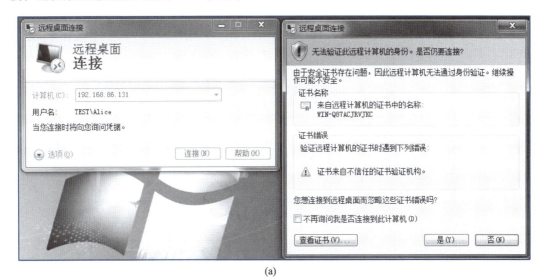

(a)

(b)

图 1-24

2. 设置远程桌面策略

1)使用 Win+R 组合键打开"运行"对话框,在其中输入命令"gpedit. msc",打开"本地组策略编辑器"窗口。在左侧窗格中选择"计算机配置"→"Windows 设置"→"安全设置"→"本地策略"→"用户权限分配"项,在右侧窗格中双击"拒绝本地登录"项,如图 1-25 所示。

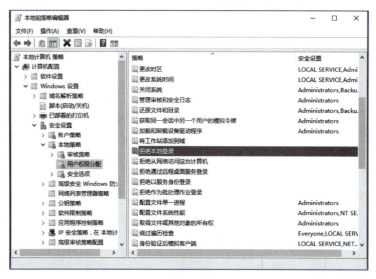

图 1-25

2）在打开的属性对话框中添加 Alice 账户，从而实现拒绝 Alice 账户的本地登录，如图 1-26 所示。

3）在"本地组策略编辑器"窗口的左侧窗格中选择"计算机配置"→"Windows 设置"→"安全设置"→"本地策略"→"用户权限分配"项，在右侧窗格中双击"从远程系统强制关机"项，如图 1-27 所示。在打开的"属性"窗口中删除 Alice 账户远程关机权限。

图 1-26

图 1-27

4）返回"本地组策略编辑器"窗口，在左侧窗格中选择"计算机配置"→"管理模板"→"Windows 组件"→"远程桌面服务"→"远程桌面会话主机"→"远程会话环境"项，在右侧窗格中双击"从'关机'对话框删除'断开连接'选项"项，如图 1-28 所示。

图 1-28

5）打开"从'关机'对话框删除'断开连接'选项"窗口，选中"已启用"单选按钮启用该策略，再单击"确定"按钮，如图 1-29 所示。

图 1-29

6）返回"本地组策略编辑器"窗口，在左侧窗格中选择"计算机配置"→"管理模板"→"Windows 组件"→"远程桌面服务"→"远程桌面会话主机"→"会话时间限制"项，在右侧窗格中双击"设置活动的远程桌面服务会话的时间限制"项，检测配置状态。默认情况下，远程桌面服务允许会话无时间限制地保持活动状态，因此只要保证该策略未配置或者已禁用即可，如图 1-30 所示。

图 1-30

3. Windows 自带防火墙设置

1）打开系统控制面板，双击打开"Windows 防火墙"窗口，选择"高级设置"，在左侧窗格中选择"入站规则"项，在右侧窗格中单击"新建规则"超链接，如图 1-31 所示。

2）打开"新建入站规则向导"对话框，首先选择"规则类型"，在此选中"端口"单选按钮，单击"下一步"按钮，如图 1-32 所示。

3）选择协议和端口，在此选择"TCP"，指定特定本地端口为 2222，单击"下一步"按钮，如图 1-33 所示。

4）选择操作类型，在此选中"允许连接"单选按钮，单击"下一步"按钮，如图 1-34 所示。在"配置文件"界面中，使用默认选项，即在域、专用、公用网络中均运用该策略，单击"下一步"按钮，如图 1-35 所示。

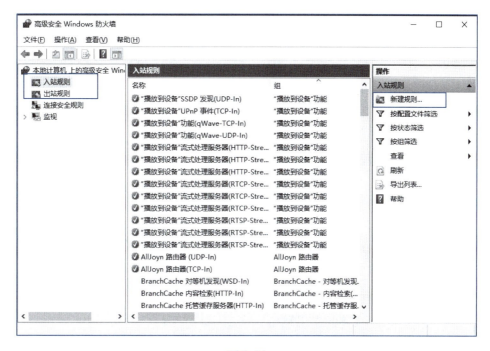

图 1-31

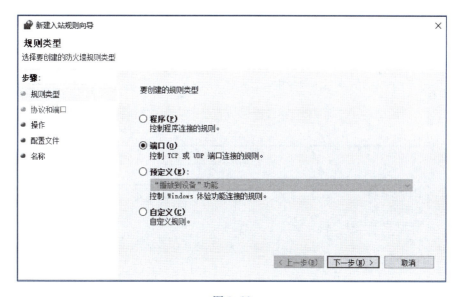

图 1-32

5）在"名称"界面的"名称"文本框中按照要求输入"CCA-TCP"，描述内容可不填，单击"完成"按钮，完成规则的制定，如图 1-36 所示。用同样的方法，完成出站规则的制定，此处不再赘述。

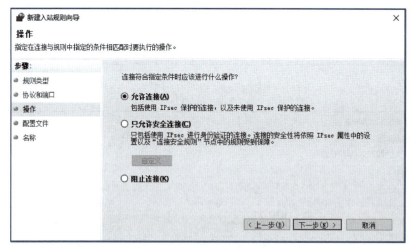

图 1-33

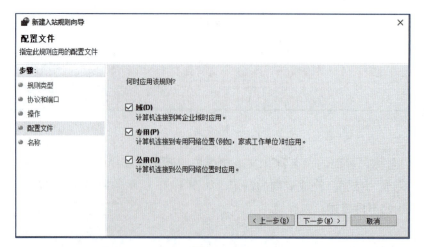

图 1-34

图 1-35

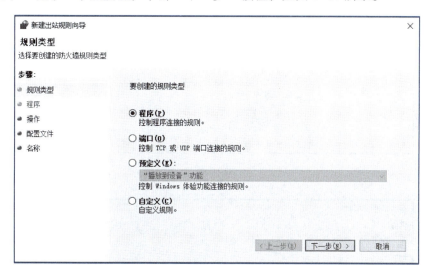

图 1-36

6）返回"高级安全 Windows 防火墙"窗口，在左侧窗格中选择"出站规则"项，在右侧窗格中单击"新建规则"超链接。在打开的"新建出站规则向导"中的"规则类型"界面中选中"程序"单选按钮，单击"下一步"按钮，如图 1-37 所示。

图 1-37

7）在"程序"界面中指定"此程序路径"为 C：\CCA\cca.exe，单击"下一步"按钮，如图 1-38 所示。

8）在"操作"界面中选中"允许连接"单选按钮，单击"下一步"按钮，如图 1-39 所示。在"配置文件"界面中使用默认配置，即在域、专用、公用网络中使用该规则，再单击"下一步"按钮，输入规则的名称"cca-good"，最后单击"完成"按钮，如图 1-40 所示。

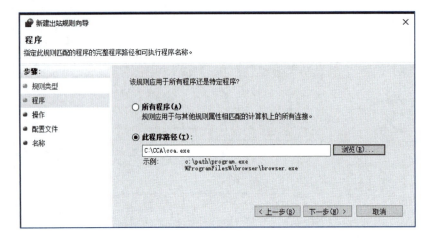

图 1-38

图 1-39

图 1-40

任务 1-3　对系统进行安全审核与备份

任务描述

对于公司来说，日常的数据备份至关重要，因此要求公司网络技术人员进行网络安全的相关审核策略配置，并能进行定时的备份还原策略制定。具体要求如下：

1）启用对备份和还原权限的使用进行审核，修改审核策略更改、审核账户锁定以及审核系统完整性均为成功与失败。

2）安装 Windows Server Backup 服务。

3）对 D 盘进行一次全面备份，保存到 C 盘。

4）对 C:\TEST 文件夹设置每晚 20 点进行完整备份，保存到 D 盘。

5）使用备份文件恢复 C:\TEST 文件及其文件夹，文件恢复到原始位置。

知识准备

1. 系统安全审核

审核是指通过将所选类型的事件记录在服务器或工作站的安全日志中，用来追踪用户活动的过程。通过审核，可以让系统管理员跟踪是否有用户访问计算机内的资源，或跟踪计算机运行情况。

Windows 服务器中审核的主要事件类别如下：

1）审核账户登录事件。

2）审核账户管理。

3）审核目录服务访问。

4）审核对象访问。

5）审核系统事件。

2. 系统备份和还原

Windows Server Backup 是微软公司提供的备份还原功能，默认情况下在安装系统时是没有进行安装的，需要后续手动安装，但安装过程非常简单。其功能包括一次性备份、本地备份、恢复等。

一次性备份可以分为本地备份和网络备份，其中本地一次性备份前首先需要确定备份目的磁盘空间是否充裕，并且登录计算机的用户必须是管理员组或者是 Backup Operators 组的成员。如果采用网络备份，则必须注意两点：一是操作系统的版本必须保持一致；二是防火墙的状态必须是允许备份操作。

如果使用备份计划的方式，则需要安装备份计划向导的指引，创建一个详细的定时备份计划，包括设置时间、确定备份目标、确定备份类型等内容。

系统的备份是非常有必要的，定期的备份可以很好地保护系统数据资源的完整性，当系统出现损坏或遭遇黑客攻击时就可以快速完好地还原系统资源。

任务实施

微课1-3
对系统进行
安全审核与
备份

1. 系统安全审核

1）使用 Win + R 快捷键打开"运行"对话框，在其中输入命令"gpedit. msc"，打开"本地组策略编辑器"窗口。在左侧窗格中选择"计算机配置"→"Windows 设置"→"安全设置"→"本地策略"→"安全选项"项，在右侧窗格中双击"审核：对备份和还原权限的使用进行审核"项，如图 1-41 所示。

图 1-41

2）在打开的属性对话框中选中"已启用"单选按钮，再单击"确定"按钮完成设置，如图 1-42 所示。

3）返回"本地组策略编辑器"窗口，在左侧窗格中选择"计算机配置"→"Windows 设置"→"安全设置"→"高级审核策略配置"→"系统审核策略-本地组策略对象"→"策略更改"项，在右侧窗格中双击"审核审核策略更改"项，如图 1-43 所示。

图 1-42

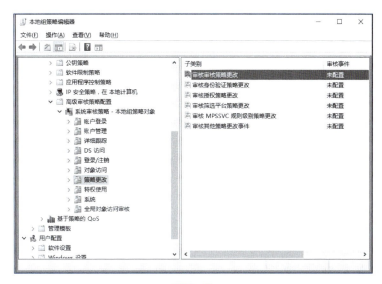

图 1-43

4）在打开的"属性"对话框中选中"配置以下审核事件"复选框，并同时选中下面的"成功"与"失败"复选框，如图 1-44 所示。

5）返回"本地组策略编辑器"窗口，在左侧窗格中选择"计算机配置"→"Windows 设置"→"安全设置"→"高级审核策略配置"→"系统审核策略-本地组策略对象"→"登录/注销"项，在右侧窗格中双击"审核账户锁定"项，如图 1-45 所示。

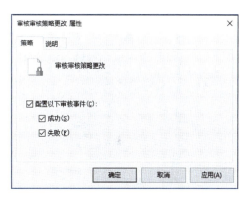

图 1-44

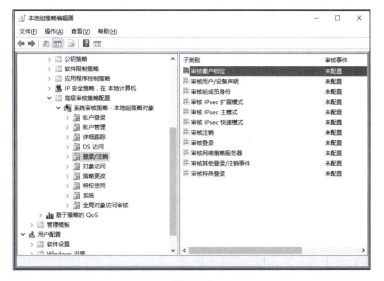

图 1-45

6）同步骤 4，在其"属性"对话框中选中"配置以下审核事件"复选框，并同时选中下面的"成功"与"失败"复选框，如图 1-46 所示。

7）再次返回"本地组策略编辑器"窗口，在左侧窗格中选择"计算机配置"→"Windows 设置"→"安全设置"→"高级审核策略配置"→"系统审核策略-本地组策略对象"→"系统"项，在右侧窗格中双击"审核系统完整性"项，如图 1-47 所示。

图 1-46

图 1-47

8）同步骤 4，在其属性对话框中选中"配置以下审核事件"复选框，并同时选中下面的"成功"与"失败"复选框，如图 1-48 所示。最后单击"确定"按钮，完成配置。

2. 系统备份还原

1）首先打开"服务器管理器"窗口，选择菜单栏中的"管理"→"添加角色和功能"命令，开始进行 Windows Server Backup 服务的安装，如图 1-49 所示。

图 1-48

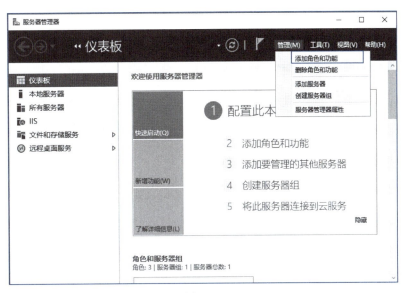

图 1-49

2）在"选择功能"界面中，选中"Windows Server Backup"复选框，并单击"下一步"按钮，如图 1-50 所示。

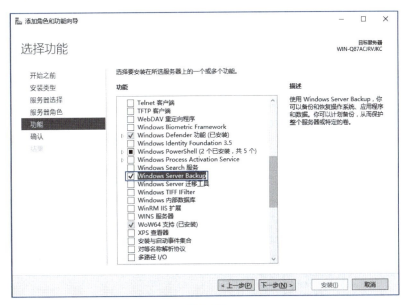

图 1-50

3）完成安装后，可以在"服务器管理器"窗口的菜单栏中选择"工具"→"Windows Server Backup"命令，在打开的窗口的左侧窗格中选择"本地备份"项，进行相关的备份和还原操作，具体的功能包括备份计划、一次性备份、恢复等，如图 1-51 所示。

①单击"一次性备份"超链接，则打开"一次性备份向导"对话框。在"选择要备份的项"界面中单击"添加项目"按钮，选择 D 盘，如图 1-52 所示。再单击"高级设

置"按钮,在弹出的"高级设置"对话框的"VSS设置"选项卡中选中"VSS完整备份"单选按钮,实现对D盘的完全备份,如图1-53所示。

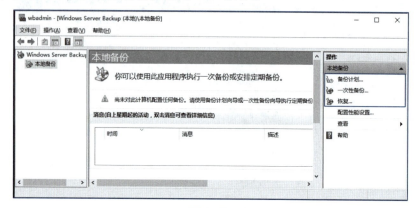

图 1-51

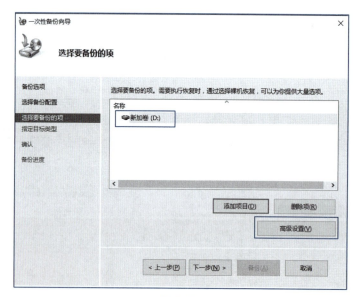

图 1-52

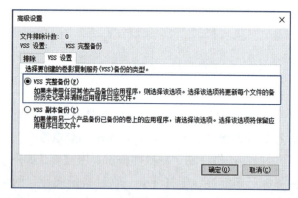

图 1-53

在"指定目标类型"界面中选中"本地驱动器"单选按钮，如图 1-54 所示。在打开的"备份目标"对话框中选择本地磁盘（C:），单击"下一步"按钮。

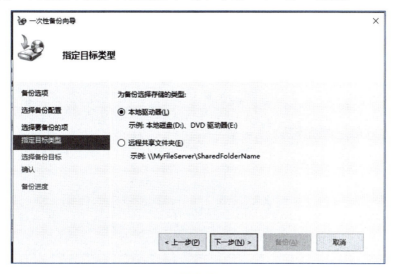

图 1-54

所有参数均设置完成后，系统会再次显示，如果没有问题可以单击"备份"按钮开始进行备份操作，如图 1-55 所示。

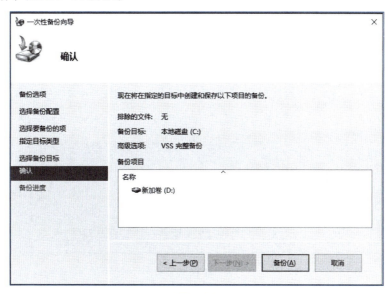

图 1-55

备份过程中会显示备份进度，并最终显示备份完成信息，如图 1-56 所示。

② 单击"备份计划"超链接，则开始创建备份任务。在"选择要备份的项"界面中选择 C:\TEST 文件夹，如图 1-57 所示。单击"高级设置"按钮，在"VSS 设置"选项卡中选中"VSS 完整备份"单选按钮，并单击"下一步"按钮。

图 1-56

图 1-57

在"指定备份时间"界面中,选中"每日一次"单选按钮,时间为 20:00,如图 1-58 所示。

在"指定目标类型"界面中,使用默认选项,备份到专用于备份的硬盘,单击"下一步"按钮。在"选择目标磁盘"界面中选择 D 盘,最后单击"完成"按钮,完成备份计划的制订,如图 1-59 所示。

图 1-58

图 1-59

③ 单击"恢复"超链接，则打开"恢复向导"对话框。首先选择可用备份，选择要恢复的内容为文件和文件夹，并选择要恢复的项目为 C：\TEST 文件夹，单击"下一步"按钮，如图 1-60 所示。

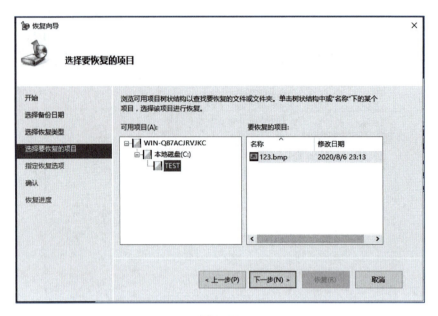

图 1-60

在"指定恢复选项"界面中，设置"恢复目标"为"原始位置"，设置"当此向导发现要备份的某些项目已在恢复目标中存在时"为"创建副本，使你同时保留两个版本"，如图 1-61 所示。

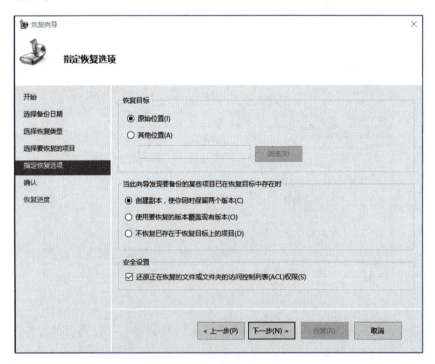

图 1-61

完成所有内容设置后，单击"恢复"按钮进行恢复，系统会显示恢复进度，并最终完成数据的恢复，如图 1-62 所示。

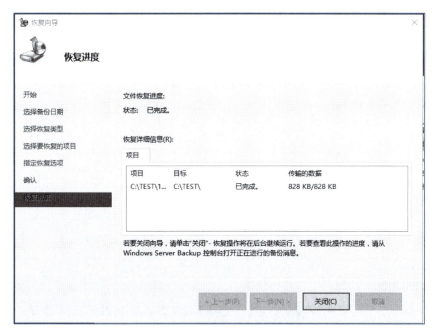

图 1-62

任务 1-4 配置合适的安全策略

任务描述

公司要求网络安全防护人员通过组策略的方式对服务器进行优化操作，使其满足以下具体要求：

1）通过组策略阻止用户在登录时显示账户详细信息，要求可以通过可移动磁盘读取外部资料，但禁止通过可移动磁盘向外写入数据。

2）在系统重新启动时，删除超过 6 天的用户配置文件；要求所有 NTFS 文件系统卷上都不允许压缩。

3）启用日志记录，在进行远程桌面连接时始终要求提示输入密码，启用受保护的事件日志记录。

知识准备

组策略（Group Policy）是管理员为用户和计算机定义并控制程序、网络资源及操作系统行为的主要工具。通过使用组策略可以设置各种软件、计算机和用户策略。

默认情况下，Windows 每 90 分钟进行一次组策略刷新操作，组策略对象会按照本地、站点、域、组织单元的顺序进行组策略的执行。本地组策略是组策略的基础版本，面向独立而非域的计算机。

组策略可以为网络用户自动分发软件、指定用户可以运行的程序、自定义"开始"菜单或控制面板等，此外还可以在系统开关机时运行指定脚本等。通过组策略，可以对计算机做出灵活多变的各种设置。

任务实施

微课 1-4
配置合适的
安全策略

1）使用 Win+R 快捷键，打开"运行"对话框，输入"gpedit. msc"，打开"本地组策略编辑器"窗口。在左侧窗格中选择"计算机配置"→"管理模板"→"系统"→"登录"项，在右侧窗格中双击"阻止用户在登录时显示账户详细信息"项，如图 1-63 所示。

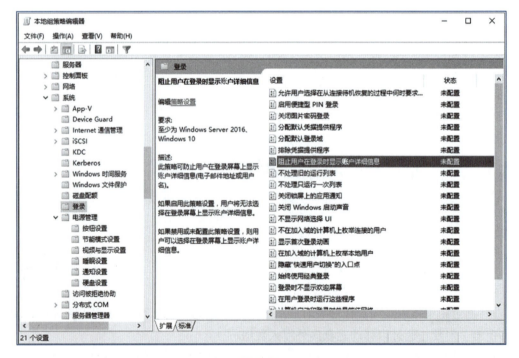

图 1-63

2）打开"阻止用户在登录时显示账户详细信息"窗口，选中"已启用"单选按钮，再单击"确定"按钮，如图 1-64 所示。

3）返回"本地组策略编辑器"窗口，在左侧窗格中选择"计算机配置"→"管理模板"→"系统"→"可移动存储访问"项，在右侧窗格中双击"可移动磁盘：拒绝写入权限"项，如图 1-65 所示。

图 1-64

图 1-65

4）在打开的"可移动磁盘：拒绝写入权限"窗口中，同样选中"已启用"单选按钮，启用该策略，如图 1-66 所示。

5）返回"本地组策略编辑器"窗口，在左侧窗格中选择"计算机配置"→"管理模板"→"系统"→"用户配置文件"项，在右侧窗格中双击"在系统重新启动时，删除超过指定天数的用户配置文件"项，如图 1-67 所示。

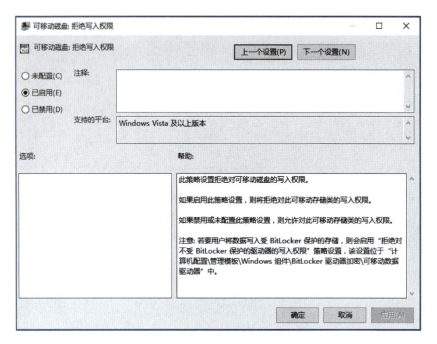

图 1-66

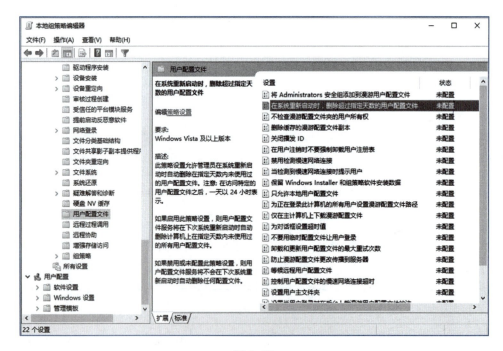

图 1-67

6）在打开的窗口中选中"已启用"单选按钮，设置"删除超过指定天数的用户配置文件"为 6 天，如图 1-68 所示。

7）返回"本地组策略编辑器"窗口，在左侧窗格中选择"计算机配置"→"管理模板"→"系统"→"文件系统"→"NTFS"项，在右侧窗格中双击"所有 NTFS 卷上都不允许压缩"项，如图 1-69 所示，同前面操作，启用该策略。

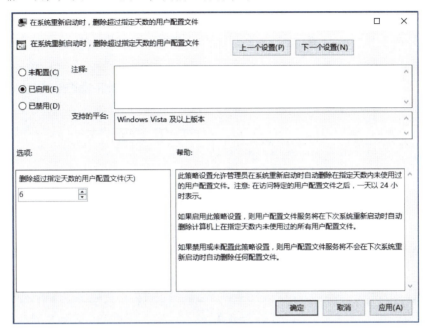

图 1-68

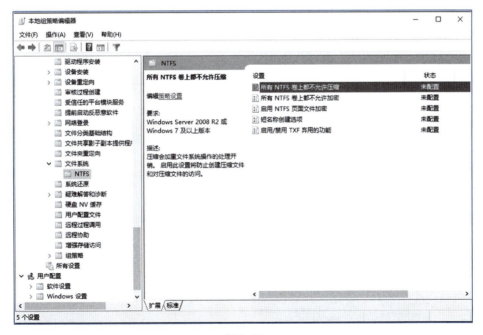

图 1-69

8）返回"本地组策略编辑器"窗口，在左侧窗格中选择"计算机配置"→"管理模板"→"Windows 组件"→"远程桌面服务"→"远程桌面会话主机"→"安全"项，在右侧窗格中双击"始终在连接时提示输入密码"项，如图 1-70 所示，启用该策略。

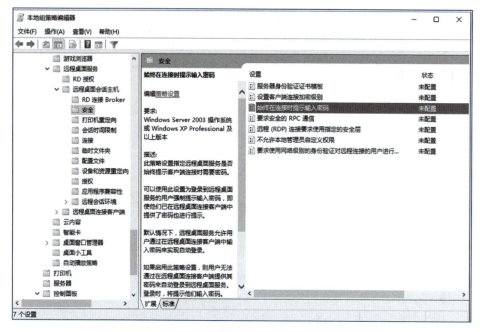

图 1-70

9）返回"本地组策略编辑器"窗口，在左侧窗格中选择"计算机配置"→"管理模板"→"Windows 组件"→"事件日志记录"项，在右侧窗格中双击"应用受保护的事件日志记录"项，如图 1-71 所示，启用该策略。

图 1-71

10）返回"本地组策略编辑器"窗口，在左侧窗格中选择"计算机配置"→"管理模板"→"Windows 组件"→"事件日志服务"→"安装程序"项，在右侧窗格中双击"启用日志记录"项，如图 1-72 所示，启用该策略，完成设置。

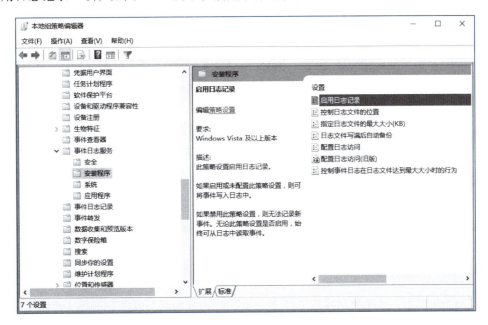

图 1-72

任务 1-5　对数据进行安全加密

任务描述

公司为了保障数据的安全性，要求网络管理员对公司数据进行加密操作，具体要求如下：

1）安装 BitLocker 驱动器加密功能，对 D 盘设置 BitLocker 加密，密码为 ASDqwe123!@#。

2）将 BitLocker 恢复密钥保存到 U 盘内。

3）使用 EFS 加密方式对 C:\TEST 文件夹进行加密操作，密钥保存到 D 盘并命名为 EFS。

4）为 test2 用户添加 EFS 授权访问。

知识准备

EFS（Encrypting File System，加密文件系统）是针对 NTFS 文件格式中的文件和文件夹进行的加密操作，可以直接被操作系统加密保存，很大程度上提高了数据的安全性。EFS 加密/解密都是透明完成的，如果用户加密了一些数据，那么其对这些数据的访问将是完全透明的，并不会受到任何限制，而其他非授权用户试图访问加密过的数据时，就会收到"拒绝访问"的错误提示。

EFS 是一种公钥加密，在使用 EFS 加密一个文件或文件夹时，系统首先会生成一个由伪随机数组成的 FEK（File Encryption Key，文件加密钥匙），然后利用 FEK 和数据扩展标准 X 算法创建加密后的文件，并把它存储到硬盘上，同时删除未加密的原始文件。随后，系统利用公钥加密 FEK，并把加密后的 FEK 存储在同一个加密文件中。在访问被加密的文件时，系统首先利用当前用户的私钥解密 FEK，然后利用 FEK 解密出文件。在首次使用 EFS 时，如果用户还没有公钥/私钥对，则会首先生成密钥，然后加密数据。

任务实施

微课 1-5
对数据进行
安全加密

1. 安装调试 BitLocker 驱动器加密

1）打开"服务器管理器"窗口，选择菜单栏中的"管理"→"添加角色和功能"命令，打开"添加角色和功能向导"窗口。在"选择功能"界面中选中"BitLocker 驱动器加密"复选框，并单击"下一步"按钮开始进行安装，如图 1-73 所示。

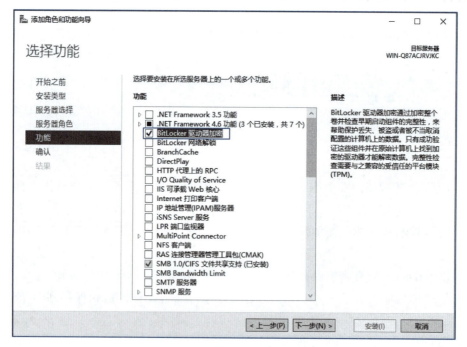

图 1-73

2）安装完成后，右击 D 盘，在弹出的快捷菜单中选择"启用 BitLocker"命令，如图 1-74a 所示。在打开的对话框中选中"使用密码解锁驱动器"复选框，输入密码 AS-

Dqwe123!@#，单击"下一步"按钮，如图 1-74b 所示。

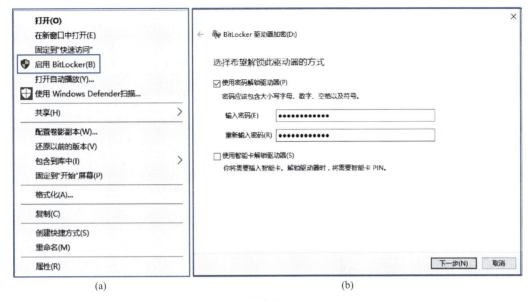

图 1-74

3）在"你希望如何备份恢复密钥"界面中，选择"保存到文件"，备份恢复密钥并将密钥保存到 U 盘，再单击"下一步"按钮，如图 1-75 所示。

图 1-75

4）选择要加密的驱动器空间大小，可以选择"仅加密已用磁盘空间"，也可以选择"加密整个驱动器"，在此选中"仅加密已用磁盘空间"单选按钮，再单击"下一步"按钮，如图 1-76 所示。

5）选择要使用的加密模式，可以选择"新加密模式"或者"兼容模式"，在此选中"兼容模式"单选按钮，单击"下一步"按钮，如图 1-77 所示。

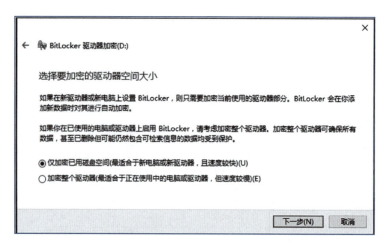

图 1-76

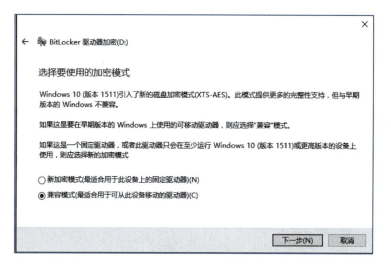

图 1-77

6）选择开始对磁盘进行加密，完成后显示结果如图 1-78 所示。

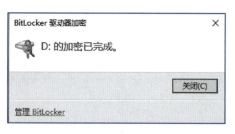

图 1-78

2. EFS 加密及解密

1）右击 C:\TEST 文件夹，在弹出的快捷菜单中选择"属性"命令，打开其"属性"

对话框。在"常规"选项卡中单击"高级"按钮，在打开的"高级属性"对话框中选中"加密内容以便保护数据"复选框，如图 1-79a 所示。单击"确定"按钮，系统会询问是仅将加密更改应用于此文件夹，还是将更改应用于此文件夹、子文件夹和文件，在此选中"将更改应用于此文件夹、子文件夹和文件"单选按钮，如图 1-79b 所示。

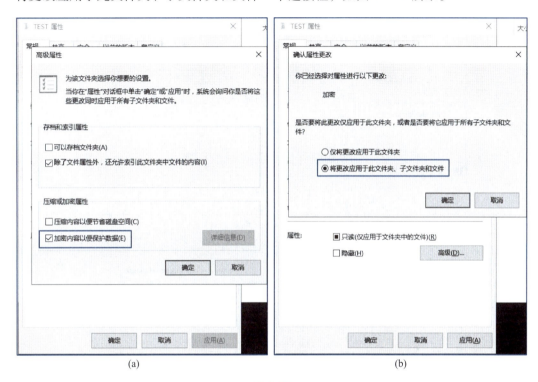

图 1-79

2）加密完成后，对于加密者来说访问是全透明的，即不会感觉到任何的解密过程，但对于其他用户来说则需要添加密钥才能进行访问。下面就来进行密码导出。首先使用 Win+R 组合键打开"运行"对话框，输入命令"certmgr.msc"。在打开的窗口左侧选择"个人"→"证书"项，右击加密文件系统证书，在弹出的快捷菜单中选择"所有任务"→"导出"命令，开始进行证书的导出，如图 1-80 所示。

3）选中"是，导出私钥"单选按钮，并设置私钥的密码为 P@ssW0rd，如图 1-81 所示。

4）设置私钥的文件名及路径，如 D:\efs.pfx，如图 1-82 所示。完成私钥的创建后，会生成一个扩展名为 pfx 的文件，将这个文件分配给需要访问的用户，进行安装后就可以实现对加密的 EFS 文件夹和文件的访问。在此使用 test2 用户来进行测试验证。首先进行登录，并在未加载密钥的前提下，对 C:\TEST 文件夹内的文件进行访问，将显示权限不足，如图 1-83a 所示；然后再通过加载密钥的方式进行访问，显示可以访问，如图 1-83b 所示，说明私钥可以实现 EFS 加密权限的分配。

图 1-80

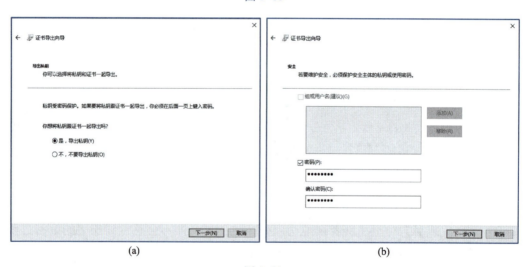

(a)　　　　　　　　　　　　　　　　(b)

图 1-81

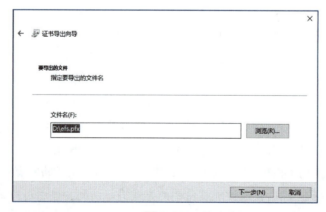

图 1-82

(a)   (b)

图 1-83

项目实训

某企业现需要网络管理人员对某台新搭建的服务器进行系统优化，从而满足服务器的日常使用，并保证数据的安全。具体配置要求如下：

1）设置账户策略，密码遵循复杂性要求，长度最小值为 10 个字符；创建陷阱账户，从而保护管理员账户。

2）使用组策略设置策略禁止 Alice 用户通过远程桌面服务登录，禁止 Guest 用户进行本地登录，取消 Alice 账户远程关机权限并将"电源"对话框中的"断开连接"选项隐藏，设置远程桌面连接无时间限制；要求在系统重新启动时，删除超过 6 天的用户配置文件；要求所有 NTFS 卷上都不允许压缩。

3）审核 C:\TEST\ABC.TXT 文件，开启 Administrator 账户对该文件成功写入的审核策略，并且使 Alice 账户可以通过远程文件共享访问 D 盘所有文件和文件夹。

4）开启远程桌面访问权限，要求实现远程桌面连接测试；修改 Windows 自带防火墙，设置入站出站规则，放行 TCP3333 端口。

5）使用 Windows Server Backup 服务对 C:\TEST 文件夹设置每晚 21 点进行完整备份，保存到 D 盘。

6）使用 EFS 加密方式对 C:\TEST 文件夹进行加密操作，密钥保存到 D 盘并命名为 TEST；为 Alice 账户添加 EFS 授权访问。

项目总结

通过本章的学习，读者应该已经对 Windows Server 2016 系统有了初步的认知。

通过任务 1-1，学习了 Windows 用户账户的管理方法，了解了不同用户组在系统中的作用，掌握了如何使用账户策略对系统用户账户进行管理和安全性加强，并对 NTFS 权限有一定的认识和了解，能完成文件权限的基础设置和文件共享的设置。

通过任务 1-2，学习了远程桌面服务的基本安装、基本连接、相关组策略的设置，了解了 Windows 自带防火墙的基本配置，包括出入站规则设置、端口规则设置等内容。

通过任务 1-3，学习了 Windows 系统备份和还原的基本操作以及审核策略的设置，并能使用 Windows Server Backup 服务实现备份、还原操作。

通过任务 1-4，学习了组策略的相关设置，包括如何通过组策略设置可移动磁盘权限，如何进行日志记录设置，如何进行用户配置文件设置等内容。

通过任务 1-5，学习了 BitLocker 驱动器加密功能和 EFS 加密技术，并通过相关实验内容，掌握了加密的方法、密钥的导出方式等内容。

课后习题

一、选择题

1. 在 Windows 系统中，打开组策略的命令是（   ）。
   A. regedit. exe
   B. gpedit. msc
   C. certmgr. msc
   D. Remote. exe

2. 以下服务中，是 Windows 自带的备份还原服务的是（   ）。
   A. BitLocker
   B. EFS
   C. Windows Server Backup
   D. CMD

3. Windows 防火墙最主要的功能有两项，其一是程序访问控制；其二是（   ）。
   A. 防火墙入站规则
   B. 防火墙出站规则
   C. 防火墙监控功能
   D. 防火墙高级设置

4. Windows 远程桌面服务的默认端口号是（   ）。
   A. 3389
   B. 3399
   C. 8080
   D. 21

5. Windows 自带的一次性备份，可以分为本地备份和（   ）。
   A. 定点备份
   B. 定时备份
   C. 网络备份
   D. 系统还原备份

6. EFS 加密技术是针对（   ）文件格式中的文件夹和文件进行的加密操作。
   A. NTFS
   B. FAT 32
   C. FAT 16
   D. ISO 9660

7. EFS 加密技术中导出的私钥的文件扩展名是（   ）。

　　A. bat　　　　　　　　　　　　B. pfx

　　C. exe　　　　　　　　　　　　D. efs

8. Windows 服务器中审核的主要事件类别包括账户登录事件、账户管理、目录服务访问、对象访问和（　　　）。

　　A. 批处理事件　　　　　　　　　B. 黑客入侵事件

　　C. 系统事件　　　　　　　　　　D. 病毒感染事件

9. （　　　）是指远程桌面服务同时连接到服务器的数量限制。

　　A. 限制人数　　　　　　　　　　B. 限制连接数

　　C. 限制流量　　　　　　　　　　D. 限制时间

10. （　　　）一般用来存储 Windows 中的用户账户数据，所有用户的登录名和密码等相关信息都保存在这个文件中。

　　A. SAM　　　　　　　　　　　　B. DNS

　　C. MAS　　　　　　　　　　　　D. MMC

二、判断题

1. Windows 默认系统管理员账户是 Administrator。　　　　　　　　　　　（　　　）

2. 打开注册表的命令是 regedit. exe。　　　　　　　　　　　　　　　　　（　　　）

3. 默认情况下，Windows 每 5 分钟进行一次组策略刷新操作，组策略对象会按照本地、站点、域、组织单元的顺序进行组策略的执行。　　　　　　　　　　　　（　　　）

4. EFS（Encrypting File System，加密文件系统）是针对 NTFS 文件格式中的文件夹和文件进行的加密操作，是一种公钥加密。　　　　　　　　　　　　　　　　　（　　　）

5. 使用 certmgr. msc 命令可以打开"证书导出向导"窗口。　　　　　　　　（　　　）

三、简答题

1. 请简述强密码的组成应包括哪些内容，并列举一个实际案例。

2. 请简述 EFS 加密相对于其他加密模式的优点。

3. 请简述如何进行远程桌面端口的修改操作。

Linux 操作系统主要面向服务器应用环境，用于复杂业务处理，在网络和计算机等领域有着广泛的应用。它可以提供网络服务和数据库管理等，是一种高性能和开源的服务器操作系统，使用的范围非常广泛，用户体验较好。在我国的计算机客户端中，也有很多采用 Linux 操作系统。

Linux 操作系统部署数量占全球服务器的大半，系统上承载着大量应用服务，因此对操作系统的安全防护设置也变得尤为重要。

学习目标

知识目标

1）了解 Linux 账户。

2）了解 Linux 账户的增删改查操作命令。

3）了解 Linux 文件目录。

4）了解 Linux 设置文件目录的相关命令和设置方法。

5）了解 Linux 远程访问手段。

6）了解 Linux 的 SSH 服务以及 SSH 相关设置。

7）了解 Linux 安全审核工具的使用。

8）了解 Linux 安全加固策略。

技能目标

1) 学会管理 Linux 文件。

2) 学会管理 Linux 账户。

3) 学会管理 Linux 网络访问策略。

4) 学会查看 Linux 系统状态。

5) 学会使用安全审核工具。

6) 学会配置系统安全策略。

相关知识

Linux 全称为 GNU/Linux，是一套免费使用和自由传播的类 UNIX 操作系统，其内核由林纳斯·本纳第克特·托瓦兹于 1991 年第一次发布。Linux 主要受到 Minix 和 UNIX 思想的启发，是一个基于 POSIX 和 UNIX 的多用户、多任务、支持多线程和多 CPU 的操作系统。它能运行主要的 UNIX 工具软件、应用程序和网络协议，支持 32 位和 64 位硬件。

Linux 继承了 UNIX 以网络为核心的设计思想，是一个性能稳定的多用户网络操作系统。Linux 有上百种不同的发行版，如基于社区开发的 Debian、Arch Linux，以及基于商业开发的 Red Hat Enterprise Linux、SuSE、Oracle Linux 等。

1. Linux 的优点

1) Linux 由众多微内核组成，其源代码完全开源。

2) Linux 继承了 UNIX 的特性，具有非常强大的网络功能，其支持所有的 Internet 协议，包括 TCP/IPv4、TCP/IPv6 和链路层拓扑程序等，且可以利用 UNIX 的网络特性开发出新的协议栈。

3) Linux 系统工具链完整，简单操作就可以配置出合适的开发环境，可以简化开发过程，减少开发中仿真工具的障碍，使系统具有较强的移植性。

2. Linux 常见安全隐患及基本加固措施

（1）用户账户以及登录安全

1) 删除多余用户和用户组。Linux 是多用户操作系统，存在很多种不一样的角色系统账号。当操作系统安装完成之后，系统会默认添加许多用户组及用户，若是部分用户或是用户组不需要，应当立即删除它们，否则黑客很有可能利用这些账号对服务器实施攻击。具体保留哪些账号，可以依据服务器的用途来决定。

2) 关闭不需要的系统服务。操作系统会在安装的过程中自主地启动各种类型的服务程序内容，对于长时间运行的服务器而言，其运行的服务程序越多，则系统的安全性就越低。因此，就需要关闭一些应用不到的服务程序，这对提升系统的安全性能有着极大的帮助。

3）密码安全策略。在 Linux 系统中，远程登录系统具备两种认证形式：密钥认证与密码认证。其中，密钥认证的形式主要是将公钥存储在远程服务器上，将私钥存储在本地。当进行系统登录的时候，再通过本地私钥以及远程服务器公钥进行配对认证操作，若是认证的匹配度一致，则用户便能够畅通无阻地登录系统。此类认证方式不会受到暴力破解的威胁。与此同时，只需要确保本地私钥的安全，使其不会被黑客所盗取，攻击者便不能够通过此类认证方式登录到系统中。所以，推荐使用密钥方式进行系统登录。

4）有效应用 su、sudo 命令。su 命令的作用是对用户进行切换。当管理员登录到系统之后，使用 su 命令切换到超级用户角色来执行一些需要超级权限的命令。但是由于超级用户的权限过大，同时，需要管理人员知道超级用户密码，因此 su 命令具有很严重的管理风险。sudo 命令允许系统赋予普通用户一些超级权限，并且不需要普通用户切换到超级用户。因此，在管理上应当细化权限分配机制，使用 sudo 命令为每一位管理员分配其特定的管理权限。

（2）远程访问及登录认证安全

Linux 系统远程登录应用 SSH 登录方式。Telnet 是一类存在安全隐患的登录认证服务，其在网络之上使用明文传输内容，黑客很容易通过截获 Telnet 数据包获得用户的登录口令。另外，Telnet 服务程序的安全验证方式存在较大安全隐患，使其成为黑客攻击的目标。SSH 服务则会将数据进行加密传输，能够防止 DNS 欺骗以及 IP 欺骗，并且传输的数据是经过压缩的，在一定程度上保证了服务器远程连接的安全。

（3）文件系统的安全

1）加固系统重要文件。在 Linux 系统中，如果黑客取得超级权限，那么他就可以在操作系统中做任何事情。在这种情况下，一个加固的文件系统将会是保护系统安全的最后一道防线。管理员可通过 chattr 命令锁定系统中的一些重要文件或目录。

2）文件权限检查与修改。如果操作系统中的重要文件的权限设置不合理，则会对操作系统的安全性产生最为直接的影响。因此，系统的运行维护人员需要及时地察觉到权限配置不合理的文件和目录并及时修正，以防安全事件发生。

3）安全设定/tmp、/var/tmp 及/dev/shm 目录。在 Linux 操作系统中，用于存放临时文件的目录主要有两个，分别为/tmp 与/var/tmp。它们有个共同特点，就是所有的用户可读可写和执行，这样就对系统产生了安全隐患。因此，应针对这两个目录进行设置，不允许在这两个目录下执行应用程序。

（4）系统软件安全

绝大多数的服务器遭受攻击是因为系统软件或者应用程序有重大漏洞。黑客通过这些漏洞，可以轻松地入侵服务器。管理员应定期检查并修复漏洞。最常见的做法是升级软件，将软件保持在最新版本状态，这样就可以在一定程度上降低系统被入侵的可能性。

任务 2-1　管理 Linux 文件

任务描述

公司业务开发部门开始了一项新的应用系统开发。为了完善开发过程中的项目文件管理，需要对开发人员以及开发项目目录进行必要的设置，区分开发环境目录和演示环境目录及其权限，从而避免开发环境被非授权访问。详细要求如下：

1）创建开发部门 dev 和运维部门 mgt，成员分别是 devuser 和 mgtuser，以及项目负责人 optadmin，所有用户密码均为 company. pwd。

2）创建开发目录/opt/appstore，以及生产目录/opt/webapp/www1 和/opt/webapp/www2。

3）开发目录允许开发部门具有读写权限，而其他部门只能查看，项目负责人也只可以查看。

4）生产目录允许运维部门具有读写权限，项目负责人则只可以查看。

知识准备

可以使用 setfacl/getfacl 命令设置 ACL（访问控制列表）。注意，在命令行里，一系列的命令跟随一系列的文件名。

1. setfacl 参数

-b，--remove-all：删除所有扩展的 ACL 规则，基本的 ACL 规则（所有者、群组及其他）将被保留。

-k，--remove-default：删除缺省的 ACL 规则。如果没有缺省规则，将不提示。

-n，--no-mask：不要重新计算有效权限。setfacl 默认会重新计算 ACL mask，除非 mask 被明确指定。

--mask：重新计算有效权限，即使 ACL mask 被明确指定。

-d，--default：设定默认的 ACL 规则。

--restore=file：从文件恢复备份的 ACL 规则（这些文件可由 getfacl -R 命令产生）。通过这种机制可以恢复整个目录树的 ACL 规则。此参数不能和除--test 以外的任何参数一同执行。

--test：测试模式，不会改变任何文件的 ACL 规则，操作后的 ACL 规格将被列出。

-R，--recursive：递归地对所有文件及目录进行操作。

-L，--logical：跟踪符号链接，默认情况下只跟踪符号链接文件，跳过符号链接目录。

-P，--physical：跳过所有符号链接，包括符号链接文件。

--version：输出 setfacl 的版本号并退出。

--help：输出帮助信息。

--：标识命令行参数结束，其后的所有参数都将被认为是文件名。

-：如果文件名是-，则 setfacl 将从标准输入读取文件名。

在使用过程中，需要注意以下内容：

1）选项-m 和-x 后边跟 ACL 规则，多条 ACL 规则以逗号（,）隔开。该选项用来从文件或标准输入读取 ACL 规则。

2）选项--set 和--set-file 用来设置文件或目录的 ACL 规则，先前的设定将被覆盖。

3）选项-m（--modify）和-M（--modify-file）用来修改文件或目录的 ACL 规则。

4）选项-x（--remove）和-X（--remove-file）用来删除 ACL 规则。

2. ACL 规则

setfacl 命令可以识别以下的规则格式。

[d[efault]:] [u[ser]:]uid [:perms]：指定用户的权限，或者文件所有者的权限（如果 UID 没有指定）。

[d[efault]:] g[roup]:gid [:perms]：指定群组的权限，或者文件所有群组的权限（如果 GID 未指定）。

[d[efault]:] m[ask][:] [:perms]：有效权限掩码。

[d[efault]:] o[ther] [:perms]：其他的权限。

当使用 getfacl 查看时，输出内容如下：

```
[root@ localhost ~]# getfacl ./test. txt
# file：test. txt
# owner：root
# group：admin
user::rw-
user:john:rw-
group::rw-
group:dev:r--
mask::rw- other::r--
```

任务实施

微课 2-1
管理 Linux
文件

1. 创建用户及用户组

1）创建开发部门 dev 和运维部门 mgt，命令如下，结果如图 2-1 所示。

```
# groupadd dev         //添加 dev 用户组
# groupadd mgt         //添加 mgt 用户组
```

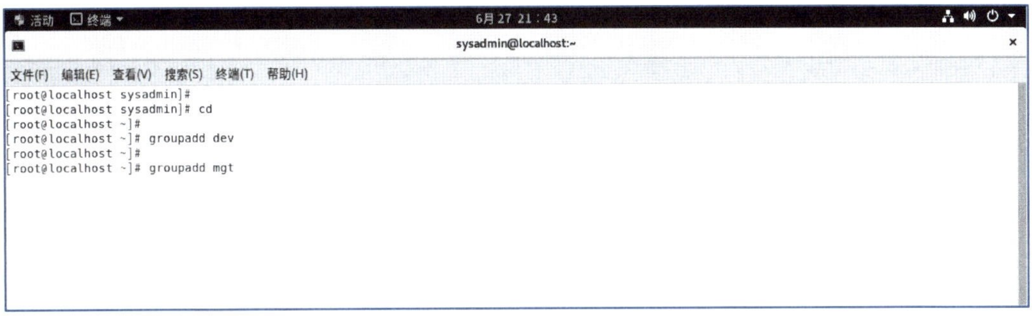

图 2-1

完成后检查用户组是否已经增加，命令如下，结果如图 2-2 所示。

```
# cat /etc/group | egrep dev      //检查配置文件中 dev 的内容
# cat /etc/group | egrep mgt      //检查配置文件中 mgt 的内容
```

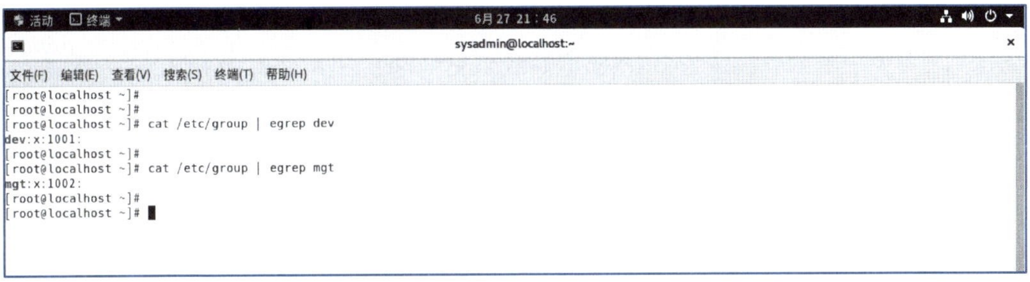

图 2-2

2）创建部门成员 devuser 和 mgtuser，命令如下，完成后再检查用户组是否已经增加，结果如图 2-3 和图 2-4 所示。

```
# useradd -G dev devuser
//创建用户 devuser，设置 dev 用户组为该用户的附加组
# useradd -G mgt mgtuser
//创建用户 mgtuser，设置 mgt 用户组为该用户的附加组
```

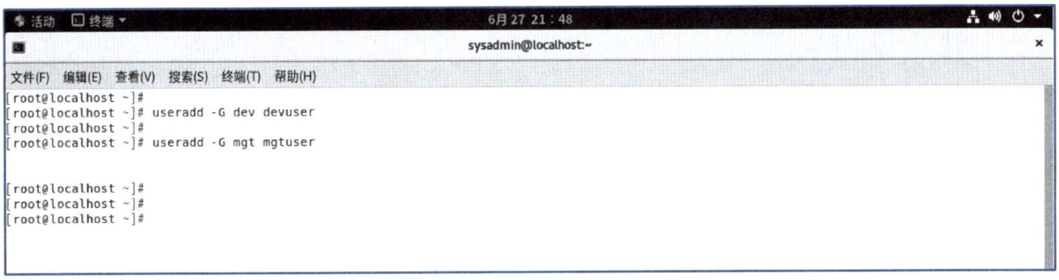

图 2-3

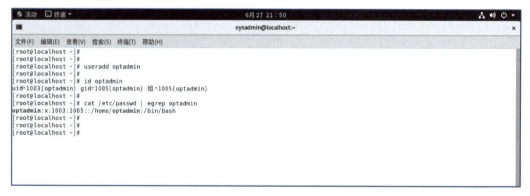

图 2-4

使用 id 命令检查配置，结果如图 2-5 所示。

图 2-5

3）创建项目负责人 optadmin，如图 2-6 所示。

图 2-6

4）为所有用户设置密码，均为 company. pwd，如图 2-7~图 2-9 所示。

passwd devuser   // 使用 passwd 为该用户设置密码，密码须输入两遍

2. 创建目录

1）创建开发目录/opt/appstore，命令如下，并查看目录权限，如图 2-10 所示。

mkdir /opt/appstore   // 创建目标目录

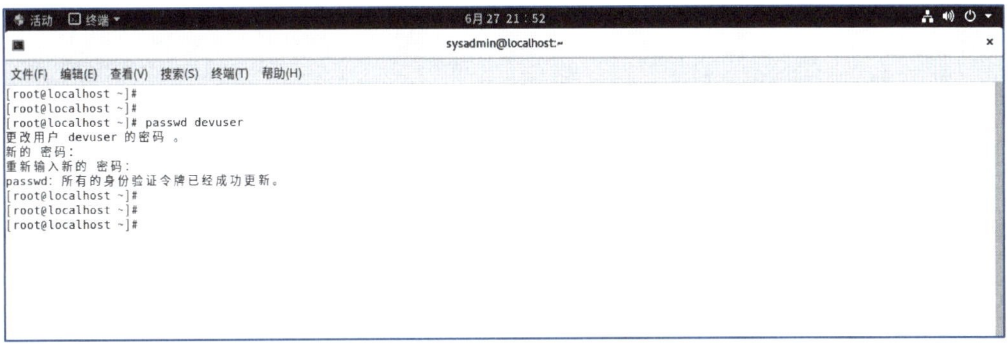

图 2-7

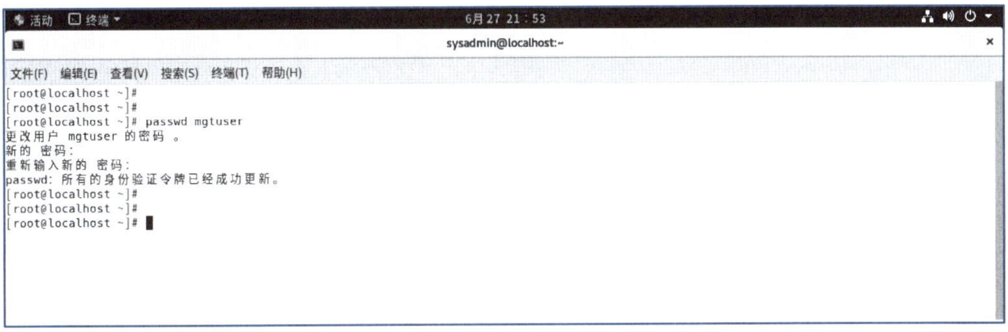

图 2-8

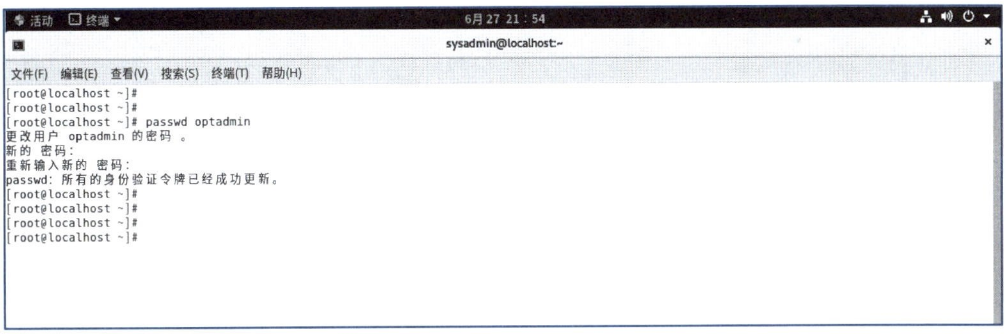

图 2-9

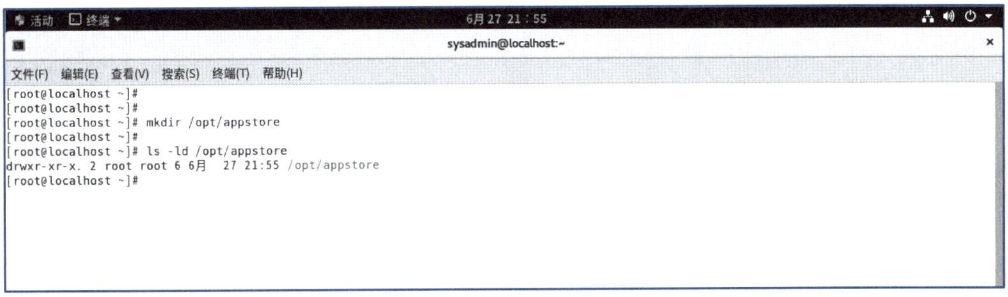

图 2-10

2）创建目录/opt/webapp/www1，命令如下，并查看目录权限，如图 2-11 所示。

```
# mkdir -p /opt/webapp/www1
//在目标位置创建目录
//-p 参数可以为确保目录名称存在，不存在就创建一个
```

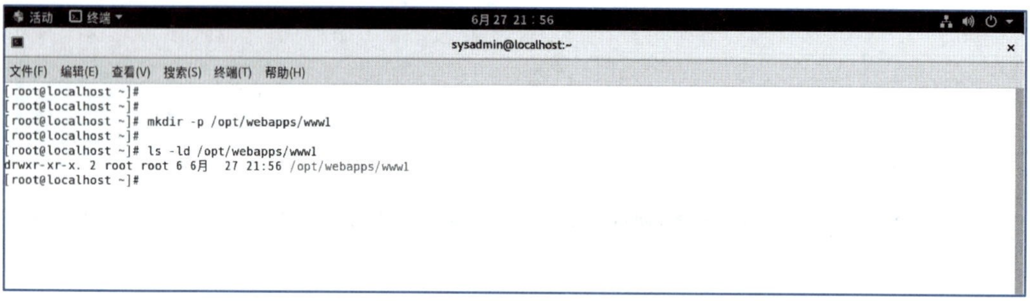

图 2-11

3）创建目录/opt/webapp/www2，命令如下，并查看目录权限，如图 2-12 所示。

```
# mkdir -p /opt/webapp/www2
//在目标位置创建目录
//-p 参数可以为确保目录名称存在，不存在就创建一个
```

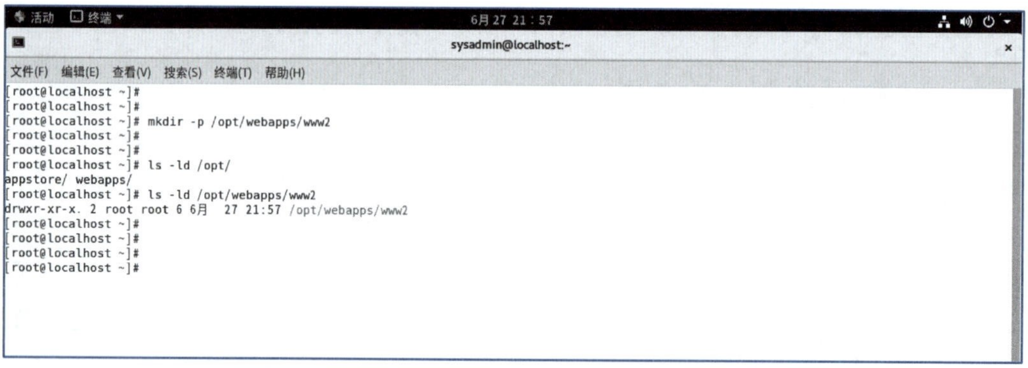

图 2-12

3. 设置用户权限

1）开发目录所有者为 devuser，属于 dev 组，允许开发部门具有所有权限，其他部门只有读权限，项目负责人只有读权限，结果如图 2-13 和图 2-14 所示。

```
# ls -ld /opt/appstore
//使用 ls 查看目录信息，-ld 仅显示目标目录的详细信息
```

图 2-13

chmod 775 /opt/appstore
//使用 chmod 修改目标目录读写权限,775 表示所有者具有所有权限

图 2-14

2）修改目录所有者为 mgtuser，属于 mgt 组，运维部门具有所有权限，其他人只有读权限，命令如下，结果如图 2-15 和图 2-16 所示。

chown -R mgtuser:mgt /opt/webapps
//使用 chown 修改目标目录的所有者和所属组，-R 参数可以将修改传递到目标目录下的每层目录

图 2-15

图 2-16

任务 2-2　管理 Linux 账户

任务描述

公司业务开发部门开始了一项新的应用系统开发，在完成了系统目录规划后，现在需要为每个部分配备必要的开发人员和运维人员，同时需要为他们在系统中创建好账号。详细要求如下：

1）创建开发部门 dev 和运维部门 mgt。

2）开发部门中配置人员如下：

- 用户名 dbadmin，用户 ID 为 1101，备注 database administrator；
- 用户名 webadmin，用户 ID 为 1102，备注 web administrator；
- 用户名 appadmin，用户 ID 为 1103，备注 webapp administrator；
- 密码均为 dev1@ company。

3）运维部门中配置人员如下：

- 用户名 mgtmanager，用户 ID 为 1201，备注 database administrator；
- 用户名 servermgt，用户 ID 为 1202，备注 web administrator；
- 用户名 appmgt，用户 ID 为 1203，备注 webapp administrator；
- 密码均为 mgt1@ company。

4）创建应用系统预览账户，用户名为 accessuser，密码为 access4app，账户有效期到 2035 年 12 月 31 日。

5）所有开发人员密码需要每 60 天进行更改，密码过期后 14 天仍然未使用就声明账户失效。

知识准备

1. useradd 命令

useradd 命令用于创建新的用户，格式如下：

useradd［选项］用户名

可以使用 useradd 命令创建用户账户。使用该命令创建用户账户时，默认的用户家目录会被存放在/home 目录中，默认的 Shell 解释器为/bin/bash，而且默认会创建一个与该用户同名的基本用户组。useradd 命令的主要选项参数如下。

-d：指定用户的家目录（默认为/home/username）。

-e：账户的到期时间，格式为 YYYY-MM-DD。

-u：指定该用户的默认 UID。

-g：指定一个初始的用户基本组（必须已存在）。

-G：指定一个或多个扩展用户组。

-N：不创建与用户同名的基本用户组。

-s：指定该用户的默认 Shell 解释器。

2. groupadd 命令

groupadd 命令用于创建用户组，格式如下：

groupadd［选项］群组名

为了能够更加高效地指派系统中各个用户的权限，在工作中常常会把几个用户加入到同一个组里面，这样便可以针对一类用户统一安排权限。

3. usermod 命令

usermod 命令用于修改用户的属性，格式如下：

usermod［选项］用户名

Linux 系统中的一切都可以认为是文件，因此在系统中创建用户也就是修改配置文件的过程。用户的信息保存在/etc/passwd 文件夹中，可以直接用文本编辑器来修改其中的用户参数项目，也可以用 usermod 命令修改已经创建的用户信息，如用户的 UID、基本/扩展用户组、默认终端等。usermod 命令的主要选项参数如下。

-c：填写用户账户的备注信息。

-d -m：参数-m 与参数-d 连用，可重新指定用户的家目录并自动把旧的数据转移过去。

-e：账户的到期时间，格式为 YYYY-MM-DD。

-g：变更所属用户组。

-G：变更扩展用户组。

-L：锁定用户，禁止其登录系统。

-U：解锁用户，允许其登录系统。

-s：变更默认终端。

-u：修改用户的 UID。

4. passwd 命令

passwd 命令用于修改用户密码、过期时间、认证信息等，格式如下：

> passwd［选项］［用户名］

普通用户只能使用 passwd 命令修改自身的系统密码，而 root 管理员则有权限修改其他所有人的密码。特别要注意的是，root 管理员在 Linux 系统中修改自己或他人的密码时不需要验证旧密码，这代表着 root 具有最高权限。passwd 命令的主要选项参数如下。

-l：锁定用户，禁止其登录。

-u：解除锁定，允许用户登录。

-d：使该用户可用空密码登录系统。

-e：强制用户在下次登录时修改密码。

-S：显示用户的密码是否被锁定，以及密码所采用的加密算法名称。

5. userdel 命令

userdel 命令用于删除用户，格式如下：

> userdel［选项］用户名

如果确认某位用户后续不再会登录到系统中，则可以通过 userdel 命令删除该用户的所有信息。userdel 命令的主要选项参数如下。

-f：强制删除用户。

-r：同时删除用户及用户家目录。

任务实施

微课 2-2
管理 Linux 账户

1. 创建账户

创建开发部门 dev 和运维部门 mgt，命令如下，结果如图 2-17 所示。

```
# groupadd dev  //添加 dev 用户组
# groupadd mgt  //添加 mgt 用户组
```

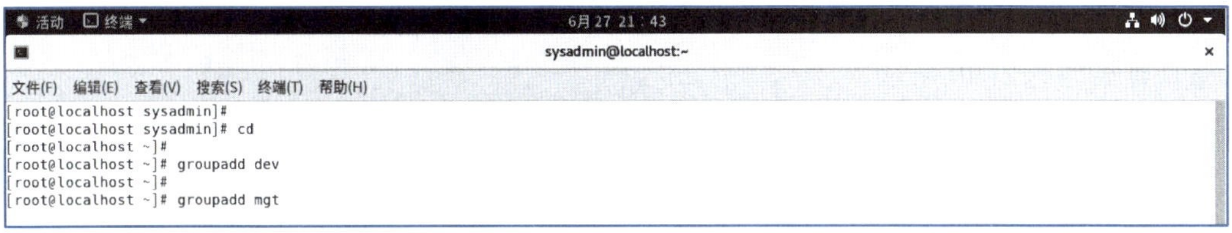

图 2-17

2. 配置开发部门人员

1）添加用户，用户名为 dbadmin，用户 ID 为 1101，备注 database administrator，命令如下，结果如图 2-18 所示。

> \# useradd -G dev -u 1101 -c "database administrator" dbadmin
>
> //使用 useradd 添加用户，-G 设置用户的附加组 dev，-u 设置用户 ID 为 1101，-c 设置备注内容，内容为 database administrator

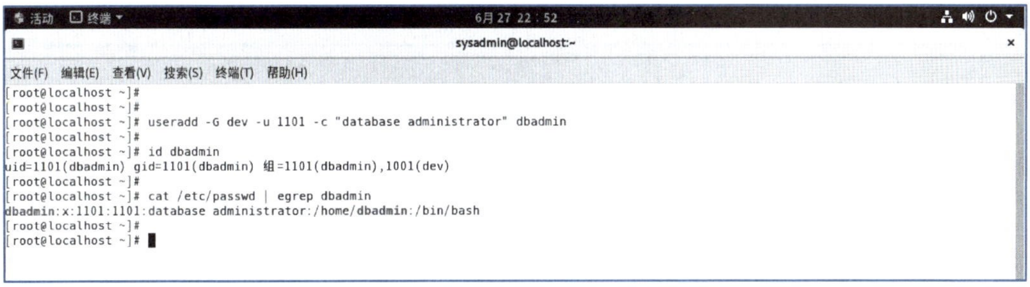

图 2-18

2）添加用户，用户名为 webadmin，用户 ID 为 1102，备注 web administrator，命令如下，结果如图 2-19 所示。

> \# useradd -G dev -u 1102 -c "web administrator" webadmin
>
> //使用 useradd 添加用户，-G 设置用户的附加组 dev，-u 设置用户 ID 为 1102，-c 设置备注内容，内容为 web administrator

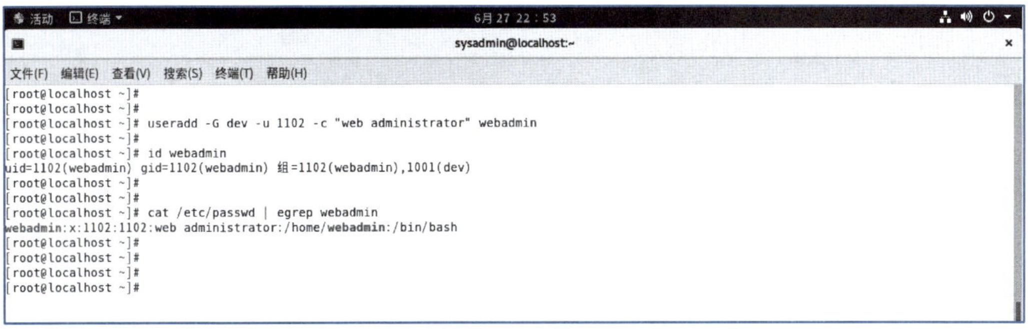

图 2-19

3）添加用户，用户名为 appadmin，用户 ID 为 1103，备注 webapp administrator，命令如下，结果如图 2-20 所示。

> \# useradd –G dev –u 1103 –c "webapp administrator" appadmin
>
> //使用 useradd 添加用户，–G 设置用户的附加组 dev，–u 设置用户 ID 为 1103，–c 设置备注内容，内容为 webapp administrator

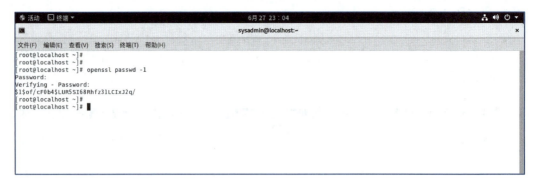

图 2-20

4）设置所有开发用户密码均为 dev1@ company，如图 2-21~图 2-23 所示。

方法 1，命令如下：

> \# openssl passwd –1
>
> //使用 openssl 直接创建加密密码
>
> //使用"用户名:加密密码"的格式创建用户密钥文件，并且使用命令 chpasswd –e < passwd. txt 批量配置用户密码

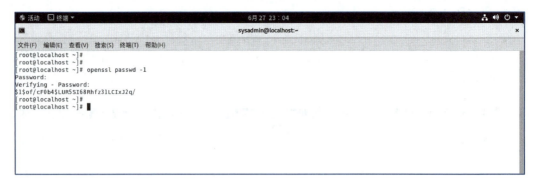

图 2-21

方法 2，命令如下：

> \# echo " dbadmin:dev1@ company" | chpasswd
>
> //使用 echo 按照"用户名:明文密码"的格式输出，使用管道符输入到 chpasswd 逐条配置密码

图 2-22

图 2-23

3. 配置运维部门人员

1）添加用户，用户名为 mgtmanager，用户 ID 为 1201，备注 mgtgroup manager，如图 2-24 所示。命令代码与配置开发人员类似，这里不再赘述。

2）添加用户，用户名为 servermgt，用户 ID 为 1202，备注 server manager，如图 2-25 所示。

3）添加用户，用户名为 appmgt，用户 ID 为 1203，备注 webapp manager，如图 2-26 所示。

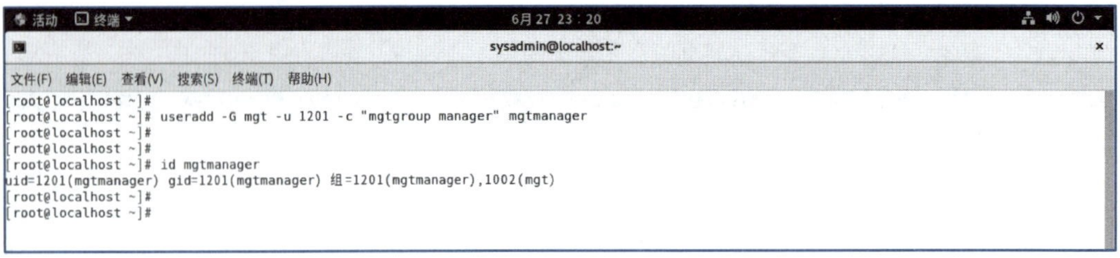

图 2-24

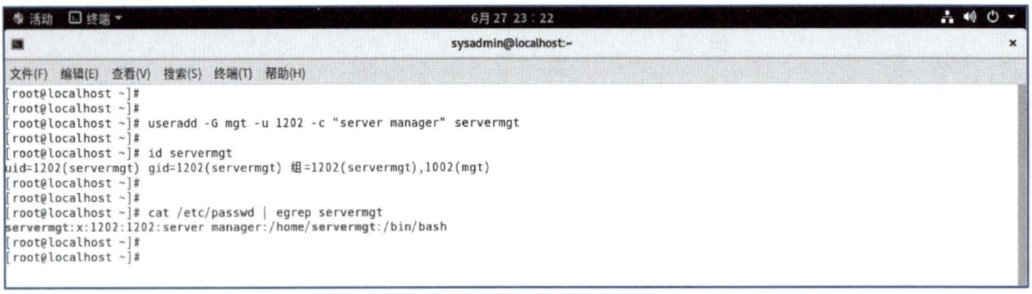

图 2-25

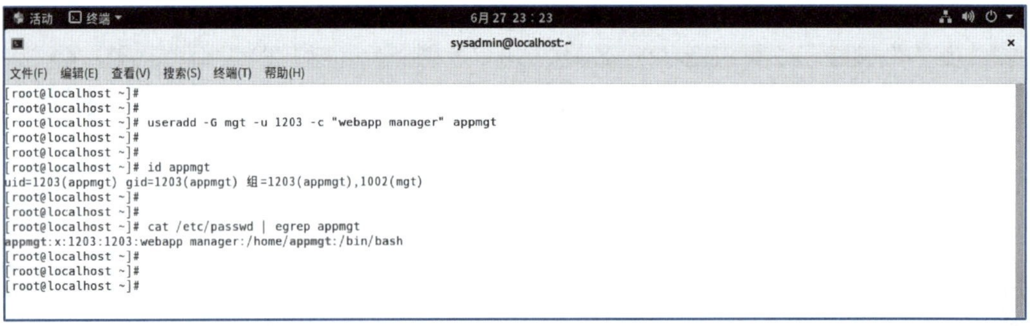

图 2-26

4）设置本部门用户密码均为 mgt1@ company，如图 2-27 所示。

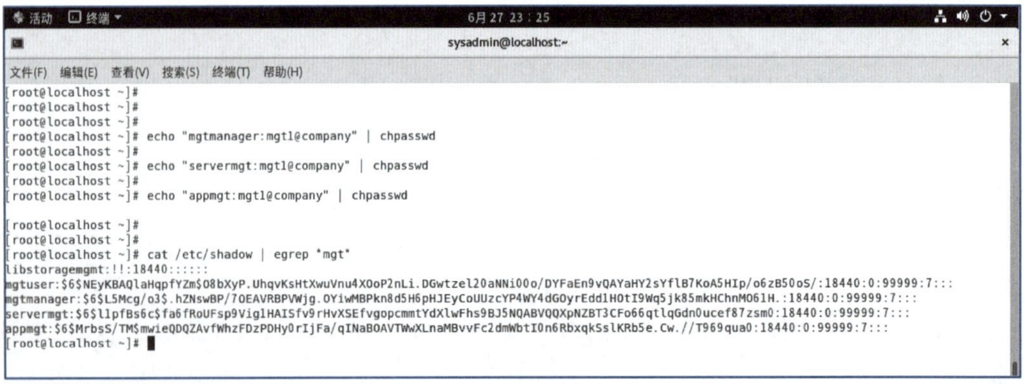

图 2-27

4. 创建应用系统预览账户

添加用户，用户名为 accessuser，密码为 access4app，账户有效期到 2035 年 12 月 31 日，命令如下，结果如图 2-28 所示。

```
# usermod -e "2035-12-31" accessuser
//使用 usermod 修改用户属性，参数-e 用于修改用户账户的有效期
```

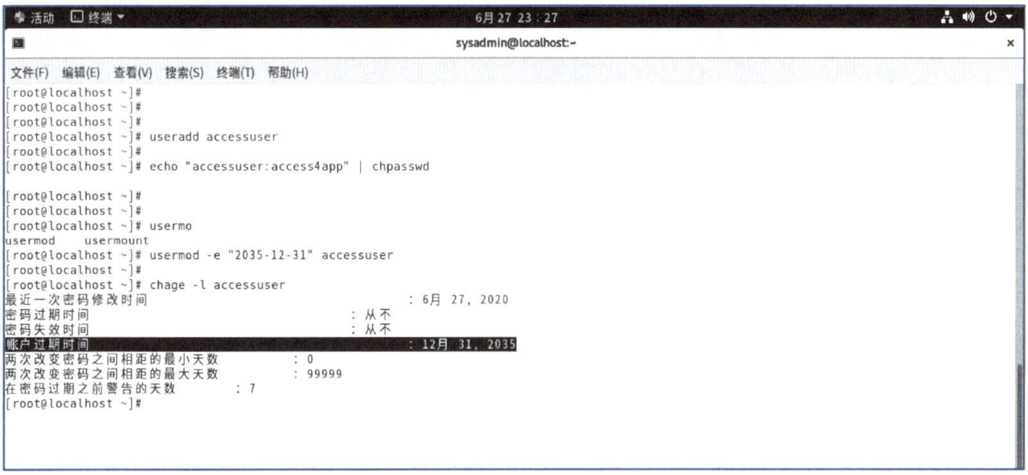

图 2-28

5. 设置账户密码

所有开发人员密码需每 60 天进行更改，密码过期后 14 天仍然未使用就声明账户失效，命令如下，结果如图 2-29 所示。

```
# passwd -x 60 -i 14 dbadmin
//使用 passwd 修改用户账户，参数-x 用于设置密码更新时间，参数-i 用于设置失效时间
```

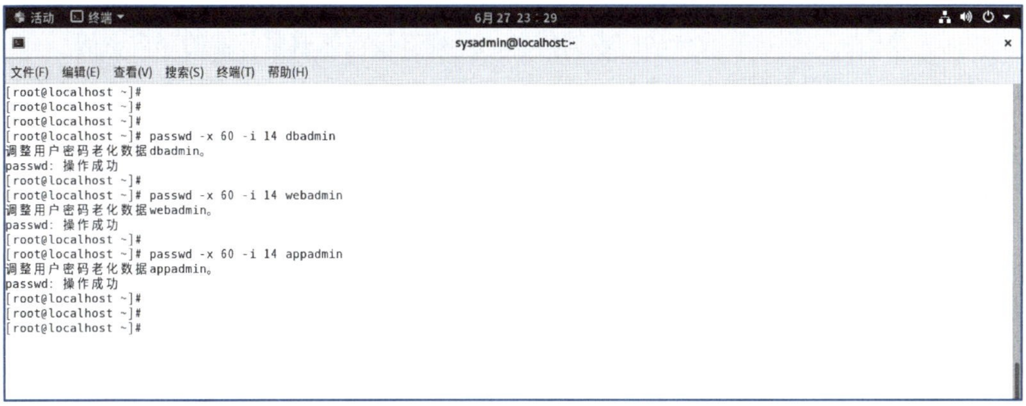

图 2-29

任务 2-3   管理 Linux 网络访问策略

任务描述

公司业务开发部门开始了一项新的应用系统开发，为了满足开发环境以及演示环境的不同要求，现在需要对系统网络访问进行安全设置，以满足既不影响开发环境的安全性，又不影响演示环境的便捷使用。详细要求如下：

1）在系统交付前，暂时关闭系统 SELinux 安全策略，重启后依然不启用。

2）设置系统防火墙策略：

- 需要开放的网络服务为 HTTP、HTTPS、DNS、DHCP、SSH。
- 需要开放的网络端口为 3306/tcp、8081/tcp、8082/tcp，8080/tcp。
- 重启系统后策略依然可用。

3）设置远程访问安全策略：

- 设置 root 账户不能使用密码 SSH 登录系统。
- 设置 SSH 必须使用密码登录。
- 设置 SSH 不允许空密码登录。
- 为 root 账户生成 rsa 密钥对，将公钥保存到/opt 目录下。

知识准备

1. SSH

SSH（Secure Shell）是一种能够以安全的方式提供远程登录的协议，也是目前远程管理 Linux 系统的首选方式。在此之前，一般使用 FTP 或 Telnet 来进行远程登录，但是因为它们以明文的形式在网络中传输账户密码和数据信息，因此很不安全，很容易受到黑客发起的中间人攻击，轻则被篡改传输的数据信息，重则直接被抓取服务器的账户密码。

常用的 SSH 登录方式有如下两种。

1）基于口令的验证：即使用账户和密码来进行登录验证。

2）基于密钥的验证：需要提前生成密钥对，其中公钥需要上传至目标服务器或将私钥下载至客户端，在登录时公私钥进行匹配。

SSH 服务的配置文件为/etc/ssh/sshd_config，其中主要的选项参数如下。

Port 22：默认的 sshd 服务端口。

ListenAddress 0.0.0.0：设定 sshd 服务器监听的 IP 地址。

Protocol 2：SSH 协议的版本号。

HostKey /etc/ssh/ssh_host_rsa_key：SSH 协议版本为 2 时，RSA 私钥存放的位置。

PermitRootLogin yes：设定是否允许 root 管理员直接登录。

StrictModes yes：当远程用户的私钥改变时直接拒绝连接。

MaxAuthTries 6：最大密码尝试次数。

MaxSessions 10：最大终端数。

PasswordAuthentication yes：是否允许密码验证。

PermitEmptyPasswords no：是否允许空密码登录。

2. firewalld

Linux 从 CentOS 7 开始就已经集成了多款防火墙管理工具，其中 firewalld（Dynamic Fire-wall Manager of Linux Systems，Linux 系统的动态防火墙管理器）服务是默认的防火墙配置管理工具，它拥有基于 CLI（命令行界面）和基于 GUI（图形用户界面）的两种管理方式。

相较于传统的防火墙管理配置工具，firewalld 支持动态更新技术并加入了区域（Zone）的概念。简单来说，区域就是 firewalld 预先准备了几套防火墙策略集合（策略模板），用户可以根据生产场景的不同而选择合适的策略集合，从而实现防火墙策略之间的快速切换。

区域主要分为以下几个部分。

trusted：允许所有的数据包。

home：拒绝流入的流量，除非与流出的流量相关；而如果流量与 SSH、mDNS、ipp-client、amba-client 以及 dhcpv6-client 服务相关，则允许流量。

internal：等同于 home 区域。

work：拒绝流入的流量，除非与流出的流量相关；而如果流量与 SSH、ipp-client 以及 dhcpv6-client 服务相关，则允许流量。

public：拒绝流入的流量，除非与流出的流量相关；而如果流量与 SSH 和 dhcpv6-client 服务相关，则允许流量。

external：拒绝流入的流量，除非与流出的流量相关；而如果流量与 SSH 服务相关，则允许流量。

dmz：拒绝流入的流量，除非与流出的流量相关；而如果流量与 SSH 服务相关，则允许流量。

block：拒绝流入的流量，除非与流出的流量相关。

drop：拒绝流入的流量，除非与流出的流量相关。

在使用 firewalld 的时候，一般会用到 firewall-cmd 命令，该命令的主要选项参数如下。

--get-default-zone：查询默认的区域名称。

--set-default-zone＝<区域名称>：设置默认的区域，使其永久生效。

--get-zones：显示可用的区域。

--get-services：显示预先定义的服务。

--get-active-zones：显示当前正在使用的区域与网卡名称。

--add-source＝：将源自此 IP 地址或子网的流量导向指定的区域。

--remove-source＝：不再将源自此 IP 地址或子网的流量导向某个指定区域。

--add-interface＝<网卡名称>：将源自该网卡的所有流量都导向某个指定区域。

--change-interface＝<网卡名称>：将某个网卡与区域进行关联。

--list-all：显示当前区域的网卡配置参数、资源、端口以及服务等信息。

--list-all-zones：显示所有区域的网卡配置参数、资源、端口以及服务等信息。

--add-service＝<服务名>：设置默认区域允许该服务的流量。

--add-port＝<端口号/协议>：设置默认区域允许该端口的流量。

--remove-service＝<服务名>：设置默认区域不再允许该服务的流量。

--remove-port＝<端口号/协议>：设置默认区域不再允许该端口的流量。

--reload：让"永久生效"的配置规则立即生效，并覆盖当前的配置规则。

--panic-on：开启应急状况模式。

--panic-off：关闭应急状况模式。

任务实施

微课 2-3
管理 Linux 网
络访问策略

1. 关闭 SELinux

在系统交付前，暂时关闭系统 SELinux 安全策略，重启后依然不启用，如图 2-30 和图 2-31 所示。使用 nano /etc/selinux/config 命令编辑配置文件，将 SELinux 参数设置为 permissive，保存并退出，因为该修改需要重启服务器来使设置生效。

图 2-30

为了使禁用 SELinux 立即生效，可以使用命令 setenforece 0。

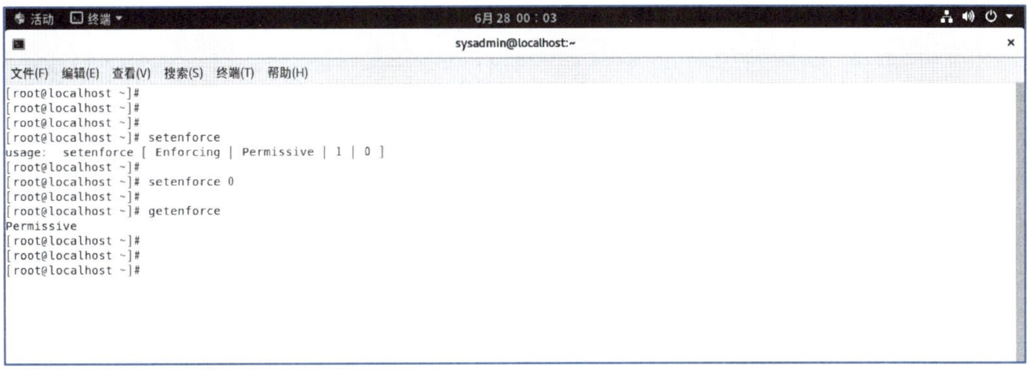

图 2-31

2. 设置系统防火墙策略

1）需要开放的网络服务为 HTTP、HTTPS、DNS、DHCP 和 SSH，命令如下，结果如图 2-32 和图 2-33 所示。

> \# firewall-cmd --add-service=http --permanent
>
> //firewall-cmd 用于管理系统防火墙，参数--add-serivce＝添加系统可识别的服务（系统能够识别该服务的默认端口号），参数--permanent 能使该防火墙永久生效

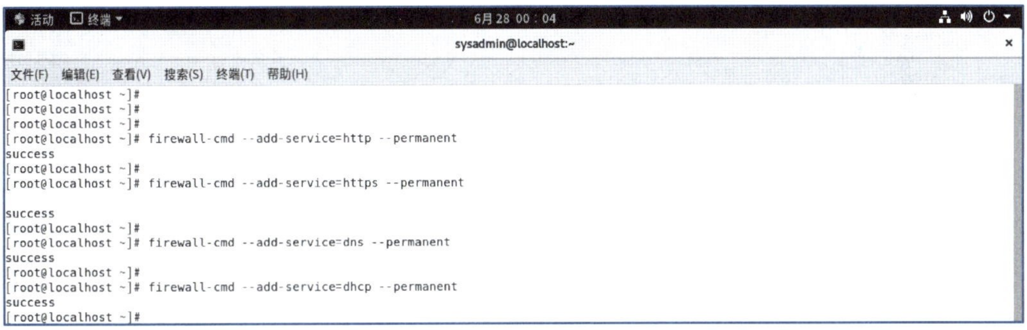

图 2-32

2）需要开放网络端口为 3306/tcp、8081/tcp、8082/tcp 和 8080/tcp，命令如下，结果如图 2-34 和图 2-35 所示。

> \# firewall-cmd --add-port＝3306/tcp --permanent
>
> //firewall-cmd 用于管理系统防火墙，参数--add-port＝添加通信端口（TCP/UDP，格式为"端口号/协议"），参数--permanent 能使该防火墙永久生效
>
> \# firewall-cmd --list-all
>
> //firewall-cmd 用于管理系统防火墙，参数--list-all 列出当前防火墙设置信息

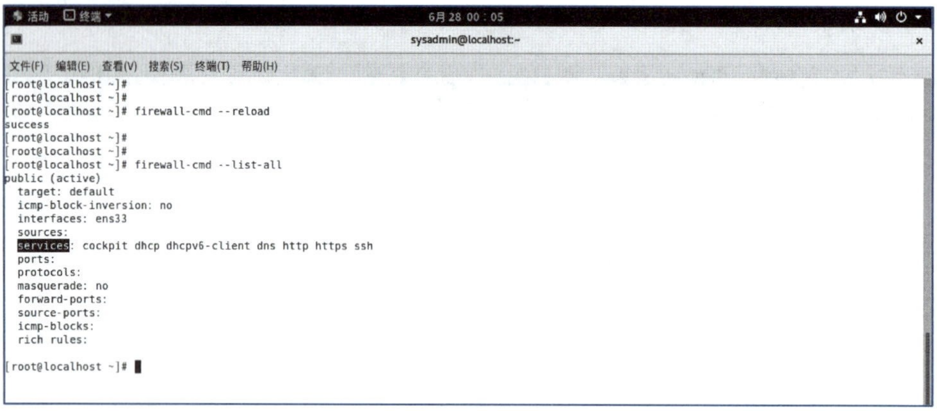

图 2-33

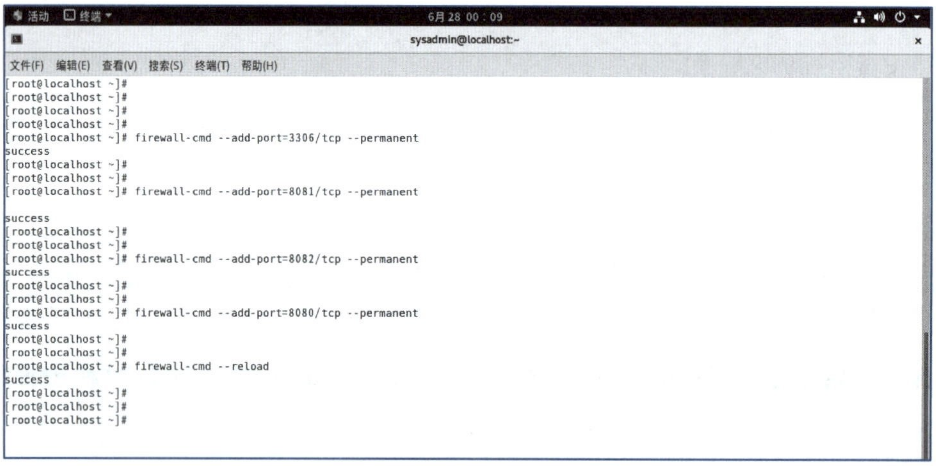

图 2-34

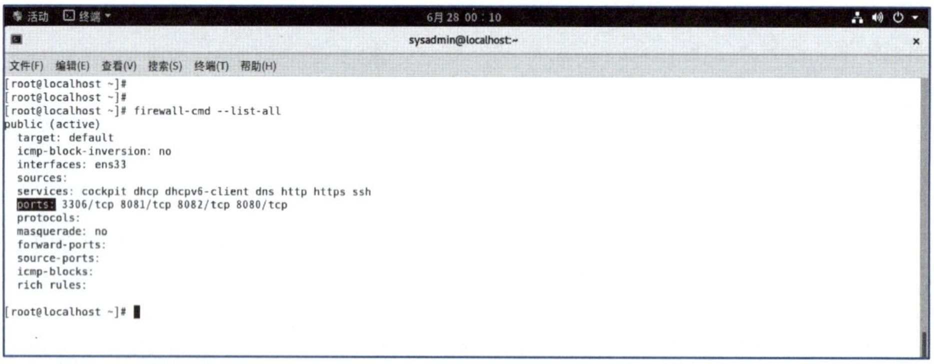

图 2-35

3. 设置远程访问安全策略

1）设置 root 账户不能使用密码 SSH 登录系统。使用 nano /etc/ssh/sshd_config 命令修

改配置文件，找到参数 PermitRootLogin，设置为 prohibit-password，即禁止 root 用户使用密码登录系统，如图 2-36 所示。

图 2-36

2）设置 SSH 能够使用密码登录。找到参数 PasswordAuthenitcaiton，设置为 yes，即其他用户登录系统时，要求提供密码验证，如图 2-37 所示。

图 2-37

3）设置 SSH 不允许用户空密码登录。找到参数 PermitEmptyPasswords，设置为 no，如图 2-38 所示。

图 2-38

4）重启 SSH 服务，命令如下，结果如图 2-39 所示。

```
# systemctl restart sshd. service
//使用 systemctl 管理系统服务
```

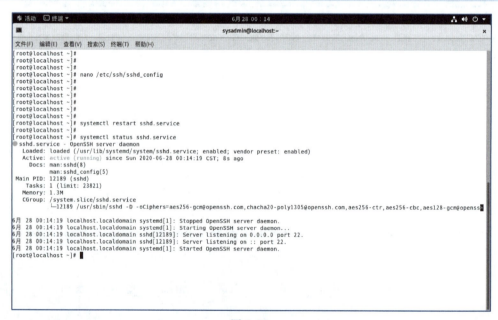

图 2-39

5）在 root 账号下为 root 账户生成 rsa 密钥对，命令如下，结果如图 2–40 和图 2–41 所示。

ssh-keygen -t rsa

//使用 OpenSSH 下的工具 ssh-keygen 来生成 rsa 的密钥对，密钥对默认情况下保存在当前用户家目录下的 .ssh 隐藏目录中，公钥名称为 id_rsa.pub，私钥名称为 id_rsa，使用 ls -la 命令能够查看

图 2-40

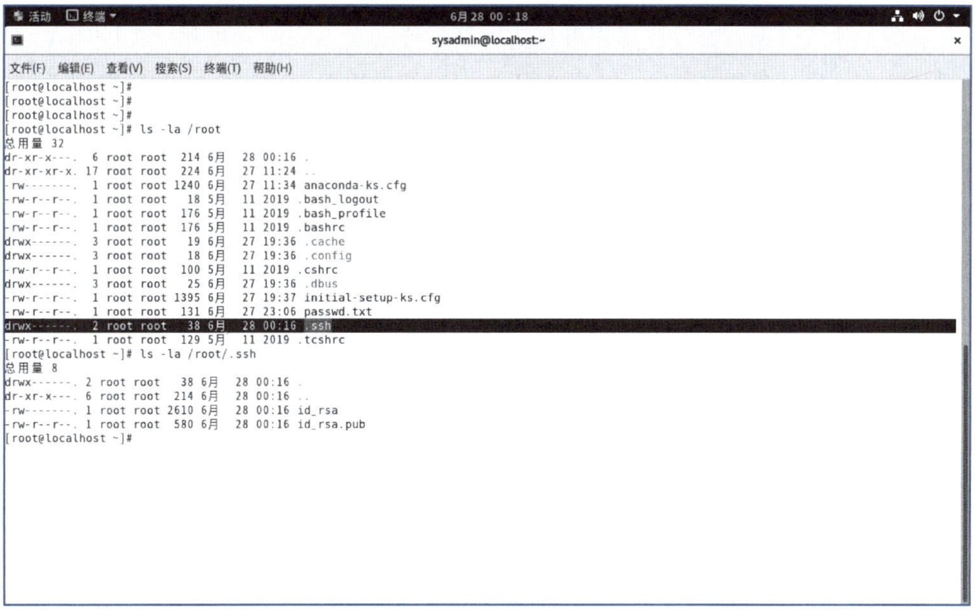

图 2-41

6）将公钥备份到/opt目录下，名称为 sshkey. pub，命令如下，结果如图 2-42 所示。

```
# cp /root/. ssh/id_rsa. pub /opt/sshkey. pub
//使用 cp 命令将 root 用户的公钥复制到/opt 目录下，名称更改为 sshkey. pub
```

```
● 活动    □ 终端 ▾                                          6月 28 00：21                                    ⬛ ◀)) ⏻ ▾
⬛                                          sysadmin@localhost：~                                              ×
文件(F)  编辑(E)  查看(V)  搜索(S)  终端(T)  帮助(H)
[root@localhost ~]#
[root@localhost ~]#
[root@localhost ~]#
[root@localhost ~]#
[root@localhost ~]# cp /root/.ssh/id_rsa.pub /opt/sshkey.pub
[root@localhost ~]#
[root@localhost ~]#
[root@localhost ~]# ls -la /opt
总用量 4
drwxr-xr-x.  4 root    root  55 6月  28 00：20 .
dr-xr-xr-x. 17 root    root 224 6月  27 11：24 ..
drwxrwxrwx.  2 devuser dev    6 6月  27 21：55 appstore
-rw-r--r--.  1 root    root 580 6月  28 00：20 sshkey.pub
drwxrwxr-x.  4 mgtuser mgt   30 6月  27 21：57 webapps
[root@localhost ~]#
```

图 2-42

任务 2-4   对系统进行安全审核与备份

任务描述

公司业务开发部门开始了一项新的应用系统开发，目前已经完成了该项目的环境准备和人员准备工作。考虑到开发人员以及运维人员将经常对系统进行操作，不能避免操作上的失误，同时也为了确保访客访问系统时无法对系统造成恶意破坏，现在需要对系统操作进行必要的安全审核。详细要求如下：

1）对网络情况进行安全审核，检查当前 TCP 连接情况，将内容保存到/var/log/tcp_connect. log 文件中。

2）对操作系统性能指标进行审核，检查当前系统内存使用情况与磁盘使用情况，将内容保存到/var/log/resource. log 文件中。

3）配置系统安全审核功能，监控/etc/passwd 文件的所有操作，该审核策略重启后依然生效。

4）配置系统安全审核采用 STIG 策略，进行全面审核。

5）为系统新建用户 test01，密码为 test01@ company，并且检查审核内容。

知识准备

Linux 内核具有使用日志记录事件的能力，包括记录系统调用和文件访问。管理员可以检查这些日志，确定是否存在安全漏洞（如多次失败的登录尝试，或者用户对系统文件不成功的访问）。

Linux 用户空间审核系统由 auditd、audispd、auditctl、autrace、ausearch 和 aureport 等应用程序组成。

auditctl：即时控制审核守护进程的行为的工具，如添加规则等。

auditd：audit 守护进程负责把内核产生的信息写入到硬盘上，这些信息由应用程序和系统活动触发产生。用户空间审核系统通过 auditd 后台进程接收内核审核系统传送来的审核信息，将信息写入到/var/log/audit/audit. log 文件中。

aureport：查看和生成审核报告的工具。

ausearch：查找审核事件的工具。

auditspd：转发事件通知给其他应用程序，而不是写入到审核日志文件中。

autrace：用于跟踪进程的命令。

上述工具均可以使用 man 命令了解其详细使用方法。

1. 查看审核规则

可以使用 auditctl -l 命令查看当前的审核规则集，如果不存在，则不显示任何规则（默认值为 No rules）。添加规则时，可以使用此命令验证是否已添加规则。可以使用以下命令查看审核系统的当前状态：

```
sudo auditctl-s
```

其输出类似于：

```
AUDIT_STATUS：enabled = 1 flag = 1 pid = 9736 rate_limit = 0 backlog_limit = 320 lost = 0 backlog = 0
```

其中，enabled = 1 显示在此服务器上启用了审核；pid 是审核守护程序的进程号，pid 为 0 表示审核守护程序未运行；lost 条目将表示由于内核审核队列溢出而丢弃了多少事件记录；backlog 字段显示当前有多少事件记录排队等待 auditd 进程读取它们。

2. 添加审核规则

可以使用命令行工具 auditctl 添加自定义审核规则。默认情况下，规则将添加到当前列表的底部，但也可以插入顶部。要使规则永久化，需要将它们添加到/etc/audit/rules. d/audit. rules 文件中。每当 auditd 服务启动时，它都会激活文件中的所有规则。

审核规则有以下 3 种类型。

1）控制规则：用于更改审核系统本身的配置和设置。

2）文件系统规则：用于文件或目录监视。使用这些规则，可以审核对特定文件或目录的任何类型的访问。

3）系统调用规则：用于监视由任何进程或特定用户进行的系统调用。

auditctl 的主要选项参数如下。

-w<path>：指定要监控的路径，如/etc/passwd。

-p：指定触发审核的文件/目录的访问权限。

rwxa：指定的触发条件，其中 r 为读取权限，w 为写入权限，x 为执行权限，a 为属性（attr）。

-l：显示当前正在使用的审核的策略。

-D：删除所有审核策略。

3. 查看审核日志

添加规则后，可以使用 ausearch 工具查看 auditd 日志，主要选项参数如下。

-f <file name>：ausearch 调出目标文件名的审核内容，其中会显示以下参数。

- Time：审核时间。
- Name：审核对象。
- Cwd：当前路径。
- Syscall：相关的系统调用。
- Auid：审核用户 ID。
- uid 和 gid：访问文件的用户 ID 和用户组 ID。
- comm：用户访问文件的命令。
- exe：上面命令的可执行文件路径。

4. 查看审核报告

一旦定义审核规则后，它会自动运行。过一段时间后，可以查看 auditd 是如何跟踪审核的。auditd 提供了一个使用系统审核日志生成简要报告的工具 aureport。

例如，配置 auditd 去跟踪/etc/passwd 文件，auditd 参数设置一段时间后，就会创建 audit. log 文件。生成审核报告后，可以使用 aureport 工具进行查看。不带参数运行，可以生成审核活动的概述。

任务实施

微课 2-4
对系统进行安
全审核与备份

1. 对网络情况进行安全审核

检查当前 TCP 连接情况，将内容保存到/var/log/tcp_connect. log 文件中，命令如下，结果如图 2-43 和图 2-44 所示。

```
# ss -anlt
//使用 ss 命令，获取当前系统通信连接情况，参数-anlt 能够提供所有连接中系统当前监听的所有
TCP 连接，并以端口号形式显示
```

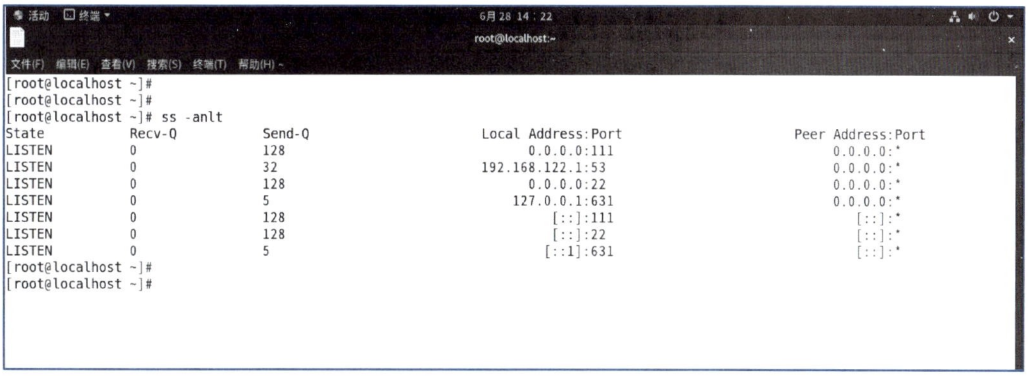

图 2-43

```
# ss –anlt > /var/log/tcp_connect. log
//使用输出重定向 ">" 功能将信息保存到目标文件/var/log/tcp_connect. log
```

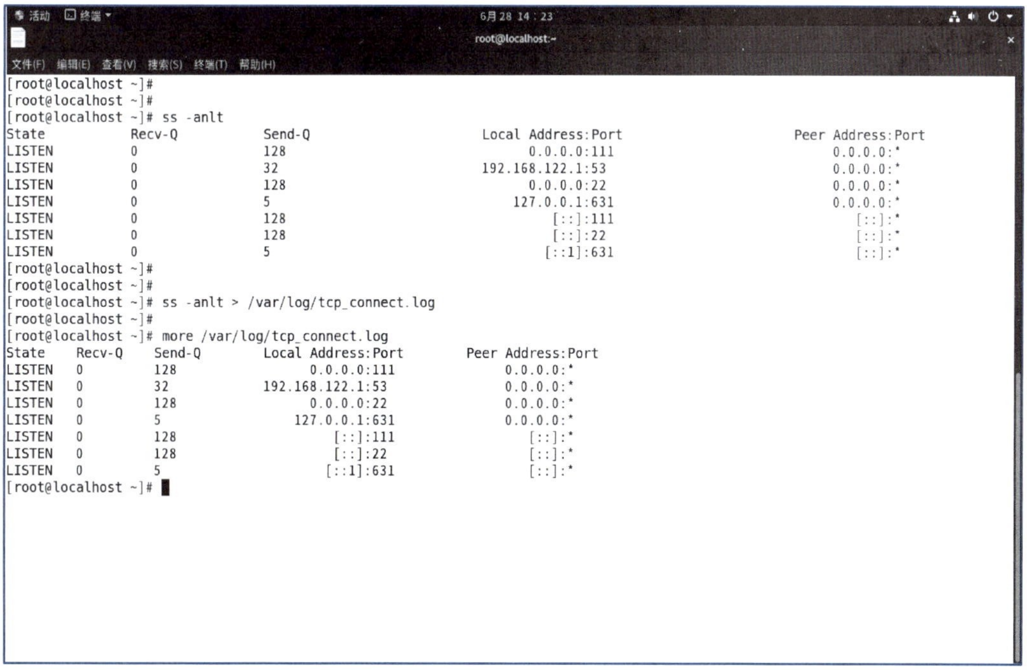

图 2-44

2. 对操作系统性能指标进行审核

1）检查当前系统内存、磁盘使用情况，命令如下，结果如图 2-45 和图 2-46 所示。

```
# free –m
//使用 free 命令获取当前系统内存使用情况，参数–m 将输出信息中的数据单位设置为 MB
```

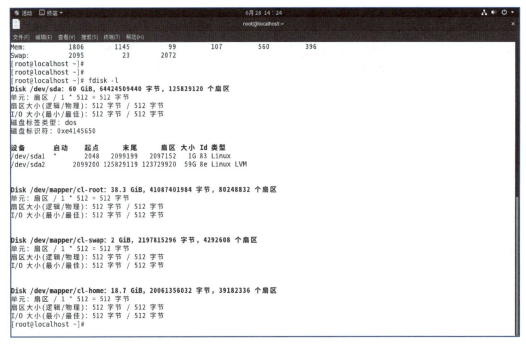

图 2-45

fdisk -l

// 使用 fdisk 获取系统磁盘挂载情况，参数 -l 能罗列系统所有磁盘信息

图 2-46

2）将内容保存到 /var/log/resource.log 文件中，命令如下，结果如图 2-47 所示。

free -m > /var/log/resource.log

// 使用输出重定向 ">" 功能将信息保存到目标文件 /var/log/resource.log

fdisk -l >> /var/log/resource.log

// 使用输出重定向 ">>" 功能在之前的信息后继续添加信息，并保存到目标文件 /var/log/re-
source.log

图 2-47

3. 配置系统安全审核功能

1）监控/etc/passwd 文件的所有操作，该审核策略重启后依然生效。编辑/etc/audit/rules. d/audit. rules 配置文件，添加审核策略，完成后重新加载 auditd 审核策略。命令如下，结果如图 2-48 和图 2-49 所示。

图 2-48

nano /etc/audit/rules. d/audit. rules

//使用 nano 命令修改/etc/audit/rules. d/audit. rules 配置文件，文件最后添加配置-w /etc/passwd -p rwa，其中参数-w 用于设置监控的目标文件为/etc/passwd，参数-p 用于设置监控的行为为读和写，完成后保存退出

augenrules --load

// 使用 augenrules 命令，通过参数--load 重新加载审核策略配置

auditctl -l

// 完成重载配置后，使用 auditctl -l 命令获取当前运行的系统审核策略

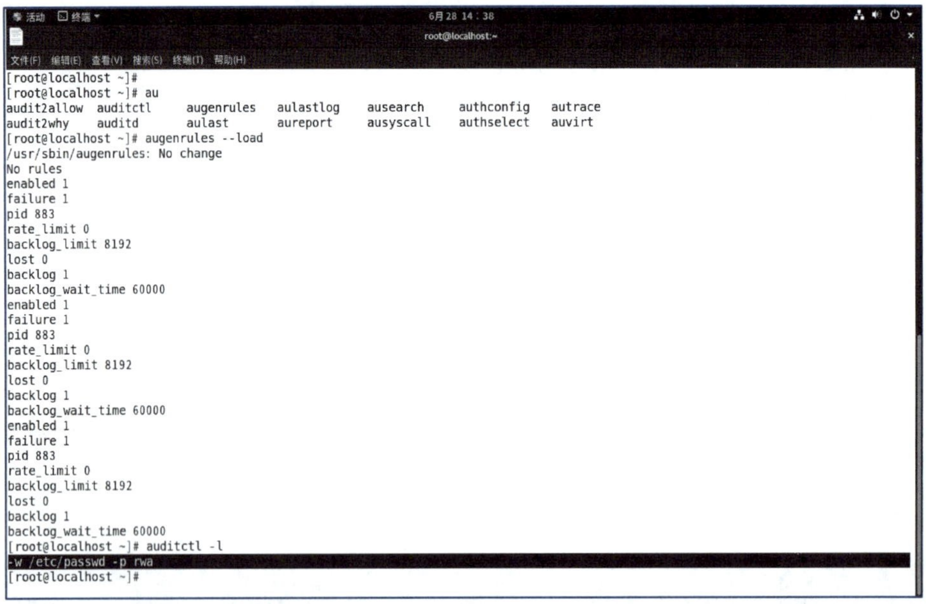

图 2-49

2）配置系统安全审核采用 STIG（安全技术实施指南）策略，进行全面审核，如图 2-50 和图 2-51 所示。在/usr/shar/doc/audit/rules 目录下找到 30-stig. rules 配置文件，并将其复制到/etc/audit/rules. d 目录下，再使用 augenrules --load 命令重新加载审核策略配置文件。

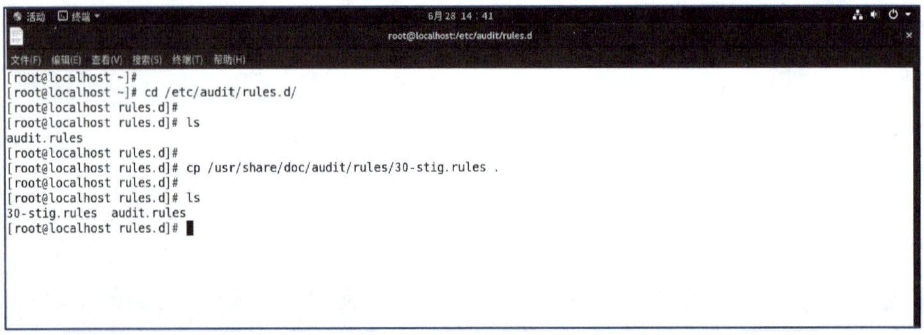

图 2-50

图 2-51

4. 创建用户并检查审核内容

为系统新建用户 guest01，密码为 guset@ company，并且检查审核内容，命令如下，结果如图 2-52 和图 2-53 所示。

```
# useradd guest01    //使用 useradd <用户名>创建用户
# passwd guest01    //使用 passwd <用户名>为目标用户设置密码
```

图 2-52

```
# ausearch −f /etc/passwd | more
// 使用 ausearch 命令检查审核信息，参数−f 用来指定被审核的目标文件
```

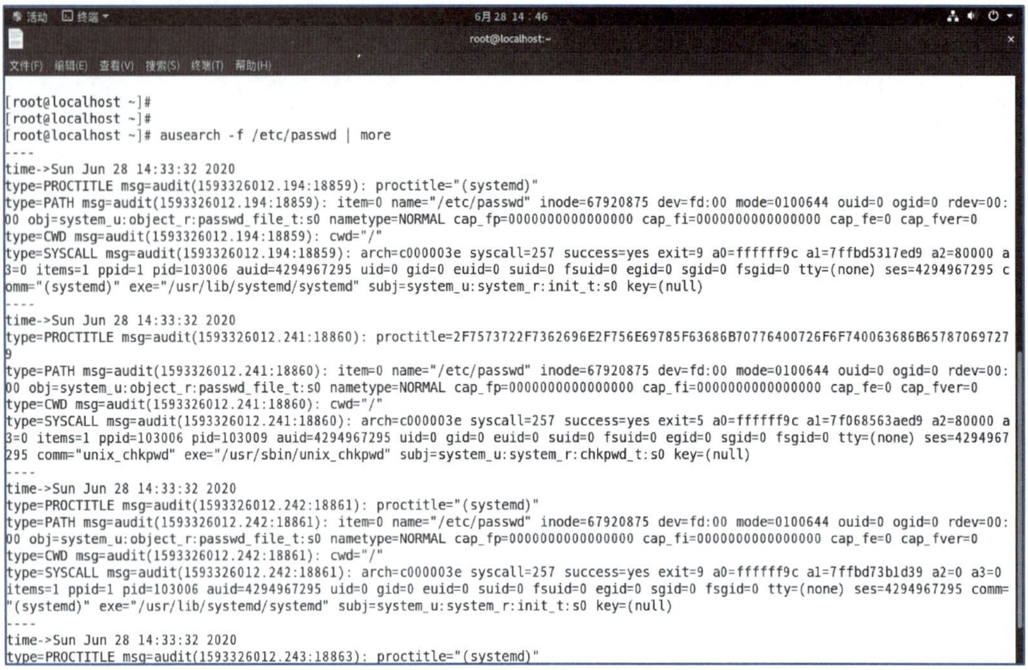

```
[root@localhost ~]#
[root@localhost ~]#
[root@localhost ~]# ausearch -f /etc/passwd | more
----
time->Sun Jun 28 14:33:32 2020
type=PROCTITLE msg=audit(1593326012.194:18859): proctitle="(systemd)"
type=PATH msg=audit(1593326012.194:18859): item=0 name="/etc/passwd" inode=67920875 dev=fd:00 mode=0100644 ouid=0 ogid=0 rdev=00:
00 obj=system_u:object_r:passwd_file_t:s0 nametype=NORMAL cap_fp=0000000000000000 cap_fi=0000000000000000 cap_fe=0 cap_fver=0
type=CWD msg=audit(1593326012.194:18859): cwd="/"
type=SYSCALL msg=audit(1593326012.194:18859): arch=c000003e syscall=257 success=yes exit=9 a0=ffffff9c a1=7ffbd5317ed9 a2=80000 a
3=0 items=1 ppid=1 pid=103006 auid=4294967295 uid=0 gid=0 euid=0 suid=0 fsuid=0 egid=0 sgid=0 fsgid=0 tty=(none) ses=4294967295 c
omm="(systemd)" exe="/usr/lib/systemd/systemd" subj=system_u:system_r:init_t:s0 key=(null)
----
time->Sun Jun 28 14:33:32 2020
type=PROCTITLE msg=audit(1593326012.241:18860): proctitle=2F7573722F7362696E2F756E69785F63686B70776400726F6F740063686B65787069727
9
type=PATH msg=audit(1593326012.241:18860): item=0 name="/etc/passwd" inode=67920875 dev=fd:00 mode=0100644 ouid=0 ogid=0 rdev=00:
00 obj=system_u:object_r:passwd_file_t:s0 nametype=NORMAL cap_fp=0000000000000000 cap_fi=0000000000000000 cap_fe=0 cap_fver=0
type=CWD msg=audit(1593326012.241:18860): cwd="/"
type=SYSCALL msg=audit(1593326012.241:18860): arch=c000003e syscall=257 success=yes exit=5 a0=ffffff9c a1=7f068563aed9 a2=80000 a
3=0 items=1 ppid=103006 pid=103009 auid=4294967295 uid=0 gid=0 euid=0 suid=0 fsuid=0 egid=0 sgid=0 fsgid=0 tty=(none) ses=4294967
295 comm="unix_chkpwd" exe="/usr/sbin/unix_chkpwd" subj=system_u:system_r:chkpwd_t:s0 key=(null)
----
time->Sun Jun 28 14:33:32 2020
type=PROCTITLE msg=audit(1593326012.242:18861): proctitle="(systemd)"
type=PATH msg=audit(1593326012.242:18861): item=0 name="/etc/passwd" inode=67920875 dev=fd:00 mode=0100644 ouid=0 ogid=0 rdev=00:
00 obj=system_u:object_r:passwd_file_t:s0 nametype=NORMAL cap_fp=0000000000000000 cap_fi=0000000000000000 cap_fe=0 cap_fver=0
type=CWD msg=audit(1593326012.242:18861): cwd="/"
type=SYSCALL msg=audit(1593326012.242:18861): arch=c000003e syscall=257 success=yes exit=9 a0=ffffff9c a1=7ffbd73b1d39 a2=0 a3=0
items=1 ppid=1 pid=103006 auid=4294967295 uid=0 gid=0 euid=0 suid=0 fsuid=0 egid=0 sgid=0 fsgid=0 tty=(none) ses=4294967295 comm=
"(systemd)" exe="/usr/lib/systemd/systemd" subj=system_u:system_r:init_t:s0 key=(null)
----
time->Sun Jun 28 14:33:32 2020
type=PROCTITLE msg=audit(1593326012.243:18863): proctitle="(systemd)"
```

图 2-53

任务 2-5 配置系统安全策略

任务描述

公司业务开发部门开始了一项新的应用系统开发，在发布完生产环境后，发现有不明IP地址反复尝试登录系统，不断试错用户名及密码等入侵行为。现在要求立即针对该入侵行为进行系统安全加固，详细要求如下：

1）规定密码长度要求为至少8位。

2）规定密码复杂度要求，至少使用1个大写字母、1个小写字母、1个数字和1个符号。

3）设置密码时，禁止使用最近使用过的5个密码。

4）设置认证口令有效期为90天，超过有效期后必须更改密码。

5）3次登录失败对用户进行锁定。

知识准备

PAM（Pluggable Authentication Modules）是由Sun公司提出的一种认证机制。PAM通过提供一些动态链接库和一套统一的API，将系统提供的服务和该服务的认证方式分开，使得系统管理员可以根据需要灵活地给不同的服务配置不同的认证方式而无须更改服务程序，同时也便于向系统中添加新的认证手段。

PAM 使用配置/etc/pam.d 目录下的文件来管理对程序的认证方式。应用程序调用相应的配置文件，从而调用本地的认证模块，模块放置在/lib/security 目录下，以加载动态库的形式进行。例如使用 su 命令时，系统会提示输入 root 用户的密码，这就是 su 命令通过调用 PAM 模块实现的。Linux 中认证是由 PAM 机制来完成的。

1. PAM 的配置文件说明

PAM 配置文件有以下两种写法：

1）写在/etc/pam.conf 文件中，但在 CentOS 6 之后的系统中这个文件就没有了。

2）将 PAM 配置文件放到/etc/pam.d 目录下，其规则内容都是不包含 service 部分的，即不包含服务名称，而/etc/pam.d 目录下文件的名字就是服务名称。从 PAM 模块文件内容看，可以将 PAM 配置文件分为以下 4 列：

- 第 1 列代表模块类型。
- 第 2 列代表控制标记。
- 第 3 列代表模块路径。
- 第 4 列代表模块参数。

2. PAM 的模块类型

Linux-PAM 有 4 种模块类型，分别是认证（auth）管理、账号（account）管理、会话（session）管理和密码（password）管理，代表 4 种不同的任务。一个类型可能有多行，它们按顺序依次由 PAM 模块调用。

管理方式说明如下。

- auth：用来对用户的身份进行识别，如提示用户输入密码，或判断用户是否为 root 等。
- account：对账号的各项属性进行检查，如是否允许登录、是否达到最大用户数或者 root 用户是否允许在这个终端登录等。
- session：用来定义用户登录前及用户退出后所要进行的操作，如登录连接信息、用户数据的打开与关闭或挂载文件系统等。
- password：使用用户信息来更新，如修改用户密码。

3. PAM 的控制标记

PAM 使用控制标记来处理和判断各个模块的返回值（在此只说明简单的认证标记）。控制标记说明如下。

- required：表示即使某个模块对用户的验证失败，也要等所有的模块都执行完毕后，PAM 才返回错误信息。这样做是为了不让用户知道被哪个模块拒绝。如果对用户验证成功，所有的模块都会返回成功信息。

● requisite：与 required 相似，但是如果这个模块返回失败，则立刻向应用程序返回失败信息，表示此类型失败，不再进行同类型后面的操作。

● sufficient：表示如果一个用户通过这个模块的验证，PAM 结构就立刻返回验证成功信息（即使前面有模块失败了，也会把失败的结果忽略掉），把控制权交回应用程序。后面的层叠模块即使使用 requisite 或者 required 控制标志，也不再执行。如果验证失败，sufficient 的作用和 optional 相同。

● optional：表示即使本行指定的模块验证失败，也允许用户接受应用程序提供的服务，一般返回 PAM_IGNORE（忽略）。

4. 模块路径

模块路径即要调用模块的位置，如果是 64 位系统，一般保存在/lib64/security 目录中的 pam_unix. so 文件中。同一个模块可以出现在不同的类型中，而它在不同的类型中所执行的操作都不相同，这是由于每个模块针对不同的模块类型，编制了不同的执行函数。

微课 2-5
配置系统安全策略

任务实施

1）规定密码长度要求为至少 8 位，命令如下，结果如图 2-54 所示。

nano /etc/security/pwquality. conf
// 使用 nano 打开配置文件/etc/security/pwquality. conf，找到参数 minlen 并去掉注释，将参数值设置为 8，规定密码长度要求至少为 8 位

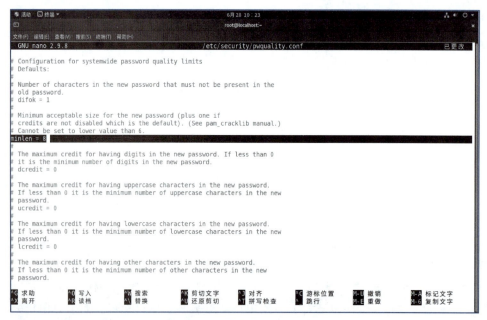

图 2-54

2）规定密码复杂度要求，至少使用 1 个大写字母、1 个小写字母、1 个数字和 1 个符号，如图 2-55 所示。

- dcredit＝N：定义用户密码中必须包含多少个数字。
- ucredit＝N：定义用户密码中必须包含多少个大写字母。
- lcredit＝N：定义用户密码中必须包含多少个小写字母。
- ocredit＝N：定义用户密码中必须包含多少个特殊字符（除数字、字母之外）。

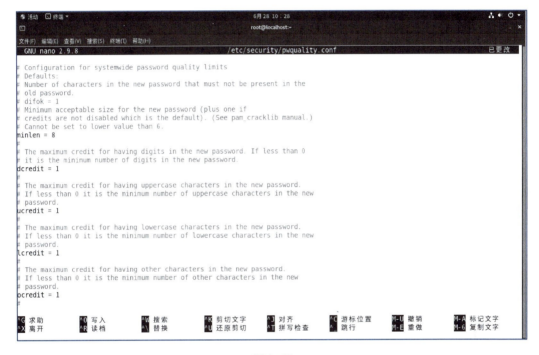

图 2-55

3）设置密码时，禁止使用最近使用过的 5 个密码。修改配置文件/etc/pam. d/system-auth，找到配置 password sufficient pam_unix. so sha512 shadow nullok try_first_pass use_auth-tok，追加上参数 remember＝5，如图 2-56 所示。

4）设置认证口令有效期为 90 天，超过有效期后必须更改密码。修改/etc/login. defs 配置文件，找到参数 PASS_MAX_DAYS 的值并修改为 90，如图 2-57 所示。

5）3 次登录失败对用户进行锁定。修改/etc/pam. d/system-auth 配置文件，根据配置文件格式添加配置：auth required pam_tally2. so deny＝3 unlock_time＝120，完成后保存并退出，如图 2-58 所示。

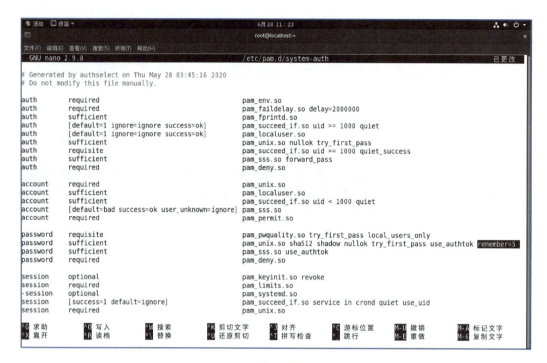

图 2-56

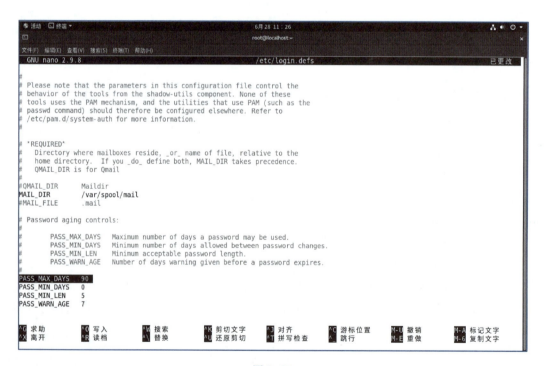

图 2-57

图 2-58

项目实训

公司业务开发部门开始了一项新的应用系统开发,为了完善开发过程中的项目文件、系统账户管理,同时确保操作系统安全可靠,要求管理员立刻对系统进行基本的加固配置。详细要求如下:

1)创建开发部门 dev 和运维部门 mgt,成员分别是 devuser 和 mgtuser,以及项目负责人 optadmin,所有用户密码均为 company.pwd。

2)创建开发目录/opt/appstore,以及生产目录/opt/webapp/app1 和/opt/webapp/app2。

3)开发目录允许开发部门具有读写权限,其他部门只能查看,项目负责人只可以查看。

4)生产目录允许开发部门和运维部门都具有读写权限,项目负责人只可以查看。

5)创建开发部门 dev 和运维部门 mgt。

6)开发部门中配置人员如下:

- 用户名 dbadmin,用户 ID 为 2201,备注 database administrator。
- 用户名 webadmin,用户 ID 为 2202,备注 web administrator。
- 用户名 appadmin,用户 ID 为 2203,备注 webapp administrator。
- 密码均为 dev1@123123。

7）运维部门中配置人员如下：

- 用户名 mgtmanager，用户 ID 为 2301，备注 database administrator。
- 用户名 servermgt，用户 ID 为 2302，备注 web administrator。
- 用户名 appmgt，用户 ID 为 2303，备注 webapp administrator。
- 密码均为 mgt1@ 123123。

8）创建应用系统预览账户，用户名为 accessuser，密码为 access4app，账户有效期到 2035 年 12 月 31 日。

9）所有开发人员密码需要每 60 天进行更改，密码过期后 14 天仍然未使用就声明账户失效。

10）配置系统安全审核采用 STIG 策略，进行全面审核。

项目总结

通过本项目的学习，应当学会配置 Linux 操作系统，能够安全管理 Linux 文件系统、系统账户、系统网络访问策略，能够查看系统状态，学会使用安全审核工具，能够对 Linux 操作系统进行初步加固。

课后习题

一、选择题

1. 以下命令中，能够实现创建用户组 group 的是（　　）。
   - A．groupadd −G group
   - B．group −add group
   - C．group −G group
   - D．groupadd group

2. 以下命令中，能够实现创建用户 tom 的是（　　）。
   - A．useradd −u jerry
   - B．useradd tom
   - C．user −add tom
   - D．adduser tom

3. 以下命令中，能够实现在 group 组中创建用户 tom 的是（　　）。
   - A．useradd −G group jerry
   - B．useradd −G group tom

C.　group −add group tom

D.　add tom to group

4.　以下命令中，可以为用户 tom 设置密码的是（　　　）。

A.　password tom

B.　user tom password

C.　passwd tom

D.　set passwd tom

5.　以下命令中，可以在当前目录下创建 document 目录的是（　　　）。

A.　create document

B.　create dir document

C.　mkdir document

D.　add document

6.　以下命令中，可以设置 document 目录为用户组只读的是（　　　）。

A.　chown 755 document

B.　set readonly document

C.　chgrp document

D.　chown 777 document

7.　以下是 SSH 服务监听端口的是（　　　）。

A.　TCP 3389

B.　TCP 3306

C.　TCP 80

D.　TCP 22

8.　以下是 Web 服务监听端口的是（　　　）。

A.　TCP 3389

B.　TCP 3306

C.　TCP 80

D.　TCP 22

9.　以下命令中，可以查看 document 目录的完整权限的是（　　　）。

A.　ls −ld document

B.　ls −l document

C.　ls −h document

D.　ls −la document

10.　以下命令中，可以为 document 目录进行打包，并存放在/tmp/dackup. tar 文件中的是（　　　）。

A.　tar −czvf /tmp/dackup. tar document

B.　chown tom：group document

C. chgrp tom：group document

D. chgrp 777 document

二、判断题

1. Linux 系统是 UNIX 系统的一个分支版本。   （   ）

2. CentOS 系统是 UNIX 系统的一个分支版本。   （   ）

3. 在 Linux 系统中，chmod 命令可以更改目录名称。   （   ）

4. 在 Linux 系统中，用户可以同时属于多个组。   （   ）

5. 在 Linux 系统中，可以使用 dir 命令获取目录下的内容。   （   ）

6. 在 Linux 系统中，使用参数 g+w 可以为目标添加组的写入权限。（   ）

7. 在 Linux 系统中，root 拥有最高权限。   （   ）

8. 在 Linux 系统中，root 可以访问任意其他用户的目录和文件。   （   ）

9. 在 Linux 系统中，使用 systemctl restart sshd. service 命令可以重启系统的网络服务。

（   ）

10. 在 Linux 系统中，所有用户都具有登录系统的权限。   （   ）

三、简答题

1. 某链接文件的权限用数字法表示为 755，那么相应的字符法表示是什么？

2. SSHD 服务的口令验证与密钥验证方式相比，哪个更加安全？

学习情境

  数据时代已经到来。通过数据，人们可以更好地了解周围的世界以及自身，进而改善生活水平、提高工作效率等。这些数据大致可以分为结构化数据和非结构化数据两类。结构化数据如身份证号、姓名、性别、联系电话等，可以存储在一张表里；非结构化数据如短视频、图片、PDF 文档等，不能直接存储在表里。据统计，结构化数据与非结构化数据之间的比例大致为 2:8。不管是结构化数据还是非结构化数据都需要存储在数据库中，分别由结构化数据库存储结构化数据，非结构化数据库存储非结构化数据。特别地，由于非结构化数据种类多样，目前多数非结构化数据库往往存储一种或几种类型的非结构化数据。

  不管是结构化数据库还是非结构化数据库，在企事业单位中都有着大量的应用。在本项目中将学习结构化数据库 SQL Server 的一些基础的数据库安全配置知识、技能，以应对常见的数据库安全需求。

学习目标

知识目标

1）了解 SQL Server 的身份验证方式。

2）熟悉 SQL Server 中的角色与用户。

3）了解常用的数据库对象。

4）了解 SQL Server 的安全选项。

5）了解 SQL Server 的备份方式。

6）了解 SQL Server 的恢复方式。

技能目标

1）学会安全管理数据库账户。

2）学会管理数据库对象。

3）学会优化数据库安全设置。

4）掌握备份数据库的方法。

5）掌握恢复数据库的方法。

相关知识

在正式学习数据库安全配置之前，先了解数据库管理系统的一些基础知识。

1. 数据库管理系统

数据库管理系统（Database Management System，DBMS）是一种操纵和管理数据库的大型软件，用于建立、使用和维护数据库，是企业进行数据管理及维护不可或缺的数据管理软件。

数据库管理系统通常具有数据定义、数据操作、数据库运行管理、数据组织存储与管理、数据库保护、数据库维护等功能，如图 3-1 所示。

1）数据定义：定义了数据库的框架，框架可修改。

2）数据操作：可通过该功能实现对数据的增、删、改、查等操作。

3）数据运行管理：指数据存取控制、完整性检查、并发控制等。

4）数据组织存储与管理：确定以何种文件结构和存取方式在存储器上组织数据，以及如何实现数据之间的联系。

5）数据库保护：包括数据库恢复、数据的完整性控制、数据库安全性控制等功能。

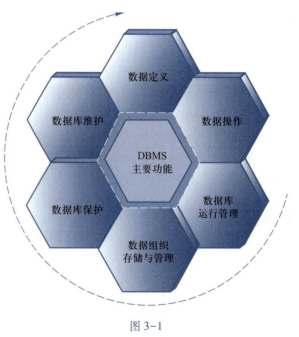

图 3-1

6）数据库维护：包括数据库的数据载入、转换、转储、重构以及性能监控等功能。

常见的数据库管理系统有 Oracle、SQL Server、DB2、MySQL 等，本项目将学习 SQL Server 数据库管理系统。在日常工作中，常将这些数据库管理系统简称为"数据库"。

2. SQL Server

SQL Server 是由微软公司开发的一款关系型数据库管理系统，使用方便、伸缩性好、安全性较高，与微软其他产品的集成度也很高。目前，最新的版本是 SQL Server 2019，可以在本地或 Azure 云端使用该产品，特别地，其 Express 版、Developer 版可以免费下载，供学习、研究之用。

在 Windows 系统中使用 SQL Server 时，将其作为操作系统的服务运行。例如，Developer 版安装完成后，SQL Server 相关的服务如图 3-2 所示。

名称		描述	状态	启动类型	登录为
SQL Server (MSSQLSERVER)		提供...	正在...	自动	NT Service\MSSQLSERVER
SQL Server Browser		将 S...		禁用	本地服务
SQL Server CEIP 服务 (MSSQLSERVER)		SQL ...		自动	NT Service\SQLTELEMETRY
SQL Server VSS Writer		提供...	正在...	自动	本地系统
SQL Server 代理 (MSSQLSERVER)		执行...		手动	NT Service\SQLSERVERAGENT

图 3-2

其中 SQL Server 服务为主服务，提供数据的存储、处理、访问控制等；SQL Server 代理服务执行作业、监视 SQL Server、激发警报以及允许自动执行某些管理任务。

SQL Server 安装完成后有几个默认的系统数据库如 master、model、msdb 和 tempdb，这些数据库对 SQL Server 非常重要。

1）master：记录了 SQL Server 的所有系统信息，包括所有的登录信息、系统设置信息、SQL Server 的初始化信息和其他数据库的相关信息。

2）model：SQL Server 为用户数据库提供的模板，新的用户数据库都以 model 数据库为基础。每次创建一个新数据库时，SQL Server 先制作一个 model 数据库的副本，然后再将该副本扩展成要求的规模。

3）msdb：记录任务计划信息、事件处理信息、数据备份及恢复信息、警告及异常信息。

4）tempdb：是一个临时数据库，为所有的临时表、临时存储过程及其他临时操作提供存储空间。SQL Server 每次启动时，tempdb 数据库被重新建立；当用户与 SQL Server 断开连接时，其临时表和存储过程自动被删除。

任务 3-1   安全管理数据库账户

任务描述

公司现有一台 SQL Server 2019 数据库服务器，其上存放企业网站的后台 web 数据库。

作为企业网络安全防护人员，现在需要对数据库账户进行管理，既能满足网站的连接、使用，又能方便网站数据库管理员在本地对数据进行处理。具体要求如下：

1）创建网站数据库连接账户 web，服务器角色默认，并授予其对 web 数据库的读写权限。

2）创建本地数据库管理账户 webmaster，服务器角色默认，并授予其对 web 数据库的所有权限。

知识准备

1. SQL Server 的身份验证方式

SQL Server 支持以下两种身份验证模式。

1）Windows 身份验证模式：已经经过身份验证的 Windows 用户无须提供其他凭据即可登录 SQL Server。

2）混合模式：既支持 Windows 身份验证，也支持 SQL Server 身份验证。在该模式下，用户名和密码保留在 SQL Server 内。

2. SQL Server 中的角色

SQL Server 通过角色来管理用户权限，角色又可分为服务器角色和数据库角色。服务器角色在服务器层次对权限进行定义，相应地，数据库角色在数据库层次对权限进行定义。

SQL Server 2019 中默认的 9 个服务器角色见表 3-1。

表 3-1

服务器角色	说　明
sysadmin	可以在 SQL Server 中执行任何活动
serveradmin	可以设置服务器范围的配置选项和关闭服务器
setupadmin	可以添加和使用 T-SQL 语句删除链接的服务器
securityadmin	可以管理登录及其属性
processadmin	可以结束在 SQL Server 实例中运行的进程
dbcreator	可以创建、修改、删除，并恢复所有数据库
diskadmin	可以管理磁盘文件
bulkadmin	可以执行 BULK INSERT 语句
public	每一个 SQL Server 登录都属于公共服务器角色

SQL Server 2019 中默认的 10 个数据库角色见表 3-2。

表 3-2

数据库角色	说　　明
db_owner	可以执行数据库中所有动作的用户
db_accessadmin	可以添加、删除用户的用户
db_datareader	可以查看所有数据库中用户表内数据的用户
db_datawriter	可以添加、修改或删除所有数据库中用户表内数据的用户
db_ddladmin	可以在数据库中执行所有 DDL 操作的用户
db_securityadmin	可以管理数据库中与安全权限有关的所有动作的用户
db_backoperator	可以备份数据库的用户（并可以发布 DBCC 和 CHECKPOINT 语句，这两个语句一般在备份前都会被执行）
db_denydatareader	不能看到数据库中任何数据的用户
db_denydatawriter	不能改变数据库中任何数据的用户
public	数据库的每个合法用户都属于该角色

3. SQL Server 中的用户

SQL Server 中的用户分为登录用户和数据库用户。登录用户用来连接到 SQL Server 服务器，数据库用户则用来访问数据库数据。只有登录必须在数据库中有相映射的数据库用户，才能访问数据库。

SQL Server 安装好后会创建默认的登录用户和数据库用户。默认的登录用户有 sa，sa 映射到 sysadmin 服务器角色。建议为 sa 分配强密码，并且不要在应用程序中使用 sa。

默认的数据库用户有 dbo 和 guest 等。dbo 具有在数据库中执行所有活动的默认权限，sysadmin 固定服务器角色的成员会自动映射到 dbo。由于 guest 用户的存在，没有数据库用户账户的登录可以通过 guest 用户访问数据库，所以尽可能避免使用 guest 用户，如果必须使用为其授予最小权限。可以使用以下 SQL 语句禁用 guest 用户：

```
use databasename        //选择要禁用 guest 用户的数据库
deny connect to guest   //禁用 guest 用户
```

任务实施

1）使用 Microsoft SQL Server Management Studio（以下简称 SSMS）连接服务器，在左侧"对象资源管理器"窗口中右击服务器实例，在弹出的快捷菜单中选择"属性"命令，如图 3-3 所示。

微课 3-1
安全管理数据库账户

2）打开"服务器属性"对话框，选中"SQL Server 和 Windows 身份验证模式"单选按钮，同时将登录审核设置为"失败和成功的登录"，如图 3-4 所示。单击"确定"按钮，弹出如图 3-5 所示的提示框，再次确定以启用 SQL Server 身份验证模式。

3）创建 SQL Server 身份验证方式的 web 账户。在 SSMS 的"对象资源管理器"窗口中右击"安全性"下的"登录名"项，在弹出的快捷菜单中选择"新建登录名"命令，如图 3-6 所示，打开"登录名-新建"对话框，配置如图 3-7 所示。切换到"用户映射"选项卡，授予 web 账户为 web 数据库的 db_datareader 及 db_datawriter 数据库角色，如图 3-8 所示。最后单击"确定"按钮创建 web 账户，如图 3-9 所示。

图 3-3

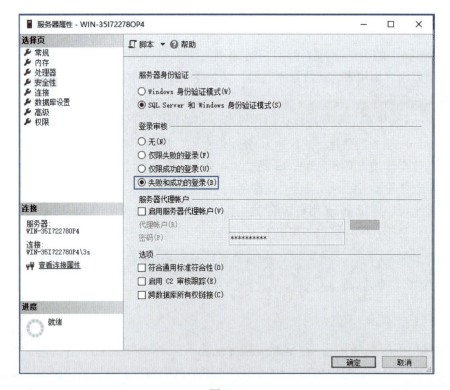

图 3-4

图 3-5

图 3-6

图 3-7

图 3-8

图 3-9

4）创建 web 数据库本地管理账户 webmaster。首先创建本地系统账户 webmaster，如图 3-10 所示。然后在 SQL Server 中添加 Windows 身份认证的账户 webmaster，如图 3-11 所示，并授予其为 web 数据库的 db_owner 数据库角色，如图 3-12 所示。

图 3-10

图 3-11

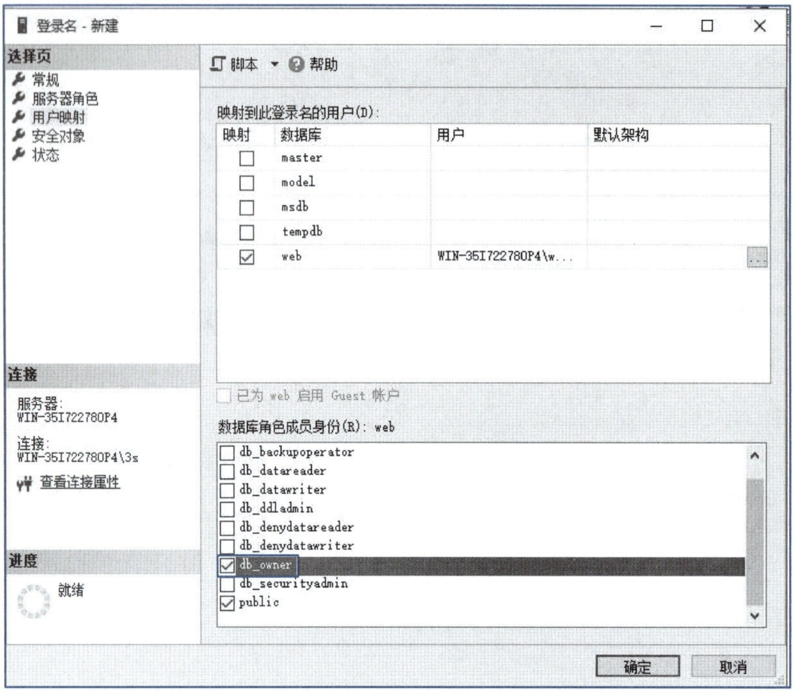

图 3-12

任务 3-2　管理数据库及数据库对象

任务描述

公司现有一台 SQL Server 2019 数据库服务器，其上需要存放企业的一些数据。作为企业网络安全防护人员，现在需要对数据库进行一些维护。具体要求如下：

1）分离测试数据库 test，并清理其数据库文件。

2）创建数据库 hr。

3）在数据库 hr 下创建 employees 表，该表包含 id、name、depart 和 tel 共 4 个字段，数据类型分别为 int、varchar(50)、varchar(50) 和 varchar(50)，其中 id 为主键，不允许空值，name 字段也不允许空值。

4）最后使用存储过程向 employees 表中批量插入 100 个初始用户。

知识准备

1. 常用数据库管理操作

日常工作中经常用到的数据库管理操作包括创建、附加、收缩和分离等，其中附加用于向 SQL Server 中添加已有的数据库，分离用于在处于运行状态的 SQL Server 中删除某个数据库。在 SQL Server 中，可以通过图形界面的 SSMS 完成这些操作，也可以使用 T-SQL 语句进行。以下是一个简单的分离 test 数据库的语句：

```
use master
go


sp_detach_db 'test'
go
```

2. 常用数据库对象

表、视图、存储过程是最常用的数据库对象。视图可以看作是虚拟的表，包含了一张表的部分数据或者多个表的综合数据。

例如，现在有一张包含 gid、gname、price、supplierid 和 quantity 等记录货品信息的数据表，但这张表里的 supplierid 和 quantity 信息不想让客户看到，这时就可以创建一个不包含 supplierid 和 quantity 查询的视图 testView，当客户需要了解货品信息时直接从 testView 中查询。T-SQL 语句如下：

```
create view testView                    //创建视图 testView
as
    select gid, gname, price from goods
go


select gname, price from testView       //从视图 testView 中查询数据
go
```

通过视图过滤了表中的一些信息，而且用户不能通过视图对数据进行修改、删除，数据的安全性也得到了提高。

存储过程是事先写好的 SQL 语句，需要时通过调用存储过程执行相应的 SQL 语句。与视图不同，存储过程可以实现数据的增、删、改、查，且还可以使用参数并返回数据。在 SQL Server 中，有系统存储过程、系统扩展存储过程以及用户自定义存储过程 3 类存储过程。其中，系统扩展存储过程仅存在于 master 数据库中。每个数据库中都存在系统存储过程，这些存储过程随数据库而创建。一般情况下，当一个事务涉及多项操作时建议使用存储过程。本任务中即自定义了一个存储过程向表中批量添加数据。

SQL 注入是 Web 应用面临的主要攻击形式，其最终目的是获取 Web 应用后台数据库的数据。SQL 注入其实是恶意用户输入 T-SQL 语句取代有效输入以获取数据的过程。如果输入的语句没有经过验证直接传递到服务器，并且 Web 应用程序不慎执行了注入的代

码，将有可能泄露、损坏或毁坏数据。使用存储过程和参数化的命令，可以在一定程度上避免动态 SQL，并限制用户的权限以有效阻止 SQL 注入。

微课 3-2
管理数据库及
数据库对象

任务实施

1）首先分离测试数据库 test，并清理 test 数据库文件。在执行分离数据库前，需要首先查看 test 数据库文件存放位置，如图 3-13 所示。

图 3-13

接着，在 SSMS 的"对象资源管理器"窗口中右击 test 数据库，在弹出的快捷菜单中选择"任务"→"分离"命令，分离数据库，如图 3-14 所示。

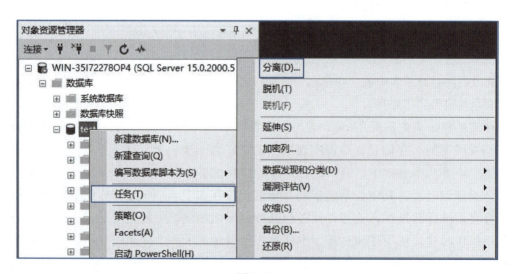

图 3-14

最后，在文件夹中删除 test 数据库的两个文件，结果如图 3-15 所示。

图 3-15

2）创建数据库 hr。在 SSMS 的"对象资源管理器"窗口中右击"数据库"项，在弹出的快捷菜单中选择"新建数据库"命令，如图 3-16 所示。打开"新建数据库"对话框，输入数据库名称 hr，其他默认，单击"确定"按钮，如图 3-17 所示。

图 3-16

3）在数据库 hr 下创建 employees 表。在 SSMS 的"对象资源管理器"窗口中展开 hr 数据库，右击"表"项，在弹出的快捷菜单中选择"新建"→"表"命令，如图 3-18 所示。

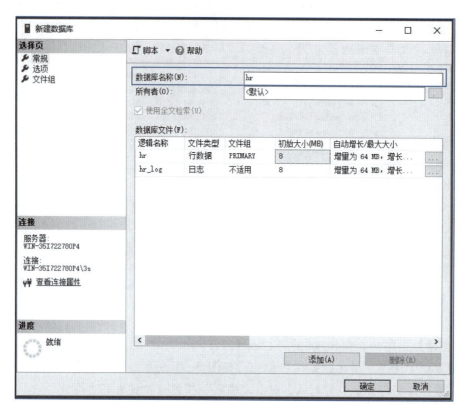

图 3-17

按要求输入列名（字段名）、数据类型以及是否允许 Null 值，如图 3-19 所示。

图 3-18

图 3-19

最后，将 id 字段设为主键，结果如图 3-20 所示。

4）使用存储过程向 employees 表中批量插入 100 个初始用户。新创建的 employees 表没有任何信息，查询结果如图 3-21 所示。可以手动输入信息，也可以使用存储过程批量插入信息，这里选择后者。

图 3-20

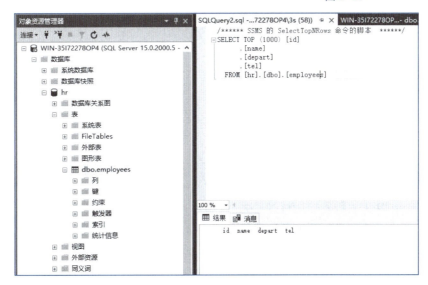

图 3-21

单击在 SSMS 窗口任务栏中的"新建查询"按钮，然后输入以下代码。输入完成后单击任务栏中的"执行"按钮，即可向 employees 表中批量插入数据。

```
create proc insertUserInfo
as
declare @i int
set @i=1
while @i<=100
begin
 insert into employees(id, name) values(@i, 'user'+
cast(@i as varchar(50)))
 set @i=@i+1
end
```

	id	name	depart	tel
89	89	user89	NULL	NULL
90	90	user90	NULL	NULL
91	91	user91	NULL	NULL
92	92	user92	NULL	NULL
93	93	user93	NULL	NULL
94	94	user94	NULL	NULL
95	95	user95	NULL	NULL
96	96	user96	NULL	NULL
97	97	user97	NULL	NULL
98	98	user98	NULL	NULL
99	99	user99	NULL	NULL
100	100	user100	NULL	NULL

从 employees 表中查询到的部分内容如图 3-22 所示。

图 3-22

任务 3-3   优化数据库安全设置

任务描述

公司现有一台 SQL Server 2019 数据库服务器，其上存放企业的重要数据。作为企业网络安全防护人员，现在需要对数据库进行一些维护。具体要求如下：

1）服务器仅允许使用 TCP/IP 进行连接，并将端口号设置为 11433。

2）确认未启用危险的存储过程 xp_cmdshell。

知识准备

SQL Server 的安全涉及所在系统的安全、SQL Server 自身的安全及其上数据的安全（本项目不讲述有关数据安全的内容）。

要保证 SQL Server 的安全，首先要保证所在操作系统的安全。有关操作系统部分的安全，请参考本书其他章节，这里仅简单介绍一下 SQL Server 的运行身份。在 Windows 系统中，SQL Server 2019 主服务的运行身份为 NT Service \ MSSQLSERVER，由于 NT Service 权限受限，相较于之前以本地系统身份运行，其安全性得到了提高。如果要更改 SQL Server 2019 的运行身份，需要考虑该身份在操作系统上的权限。

SQL Server 自身的安全涉及登录审核、系统扩展存储过程管理以及网络协议配置等。

1. 登录审核

默认项，即 SQL Server 仅审核失败的登录，不记录成功登录的信息，这样如果发生 SQL Server 登录口令被暴力破解成功的情况，日志中不会有成功登录的记录，将较难发现登录痕迹。因此建议审核失败和成功的登录，这在任务 3-1 中已进行操作。

2. 系统扩展存储过程管理

在 SQL Server 中存在一些高风险的系统扩展存储过程，其中比较常见的有如下几种。

1）xp_cmdshell：以操作系统命令行解释器的方式执行给定的命令字符串，并以文本行的形式返回所有输出，在 SQL Server 2019 中默认禁用。可以通过以下 T-SQL 语句启用：

```
use master
go
sp_configure 'show advanced options',1
reconfigure
go
sp_configure 'xp_cmdshell',1        //"1"为启用，"0"为禁用
```

```
reconfigure

go
```

2）xp_servicecontrol：服务管理控制。该存储过程允许用户启动、停止、暂停或运行服务，需要 SQL Server 运行身份有此权限，在 SQL Server 2019 中默认启用。示例如下：

```
exec xp_servicecontrol 'start','SQLSERVERAGENT'
```

3）xp_logininfo：返回服务器 Windows 用户和 Windows 组的信息，在 SQL Server 2019 中默认启用。示例如下：

```
exec xp_logininfo
```

4）xp_msver：返回 SQL Server 服务器的版本消息，在 SQL Server 2019 中默认启用。示例如下：

```
exec xp_msver
```

3. 网络协议配置

SQL Server 支持以下 3 种协议。

1）Shared Memory：最快、最简单的协议，使用 Shared Memory 协议的客户端仅能够连接到同一 PC 上的 Server。

2）Named Pipes：为局域网而开发的协议。客户端连接命名管道的时候，它会首先访问服务器的 IPC$共享，而访问 IPC$共享必须通过 Windows 认证。因此，如果没有访问 SQL Server 所在服务器文件系统的权限，就无法使用命名管道访问 SQL Server。

3）TCP/IP：使用最多的协议。

任务实施

1）设置网络配置。打开 SQL Server 2019 配置管理器，在左侧窗格中展开"SQL Server 网络配置"→"MSSQLSERVER 的协议"项，右击右侧的"TCP/IP"项，在弹出的快捷菜单中选择"启用"命令。使用同样方法禁用 Shared Memory 及 Named Pipes，如图 3-23 所示。

微课 3-3
优化数据库安全设置

双击"TCP/IP"项打开"TCP/IP 属性"对话框，选择"IP 地址"选项卡，并将滚动条滑至底部，设置侦听端口为 11433，如图 3-24 所示。重启 SQL Server 服务后端口设置生效。

2）在 SSMS 窗口的工具栏中单击"新建查询"按钮，打

图 3-23

开 SQL 语句编辑窗口，在其中输入如下代码并单击工具栏中的"执行"按钮，测试 xp_cmdshell 是否打开。

```
exec xp_cmdshell "net user guest"
```

如果返回结果如图 3-25 所示，则说明未启用危险的存储过程 xp_cmdshell。

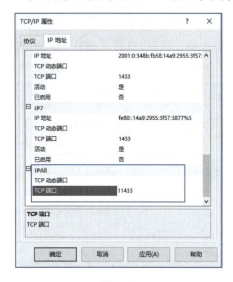

图 3-24

图 3-25

如果出现如图 3-26 所示结果，则说明启用了 xp_cmdshell。

图 3-26

任务 3-4　备份数据库

任务描述

公司现有一台 SQL Server 2019 数据库服务器，其上存放企业的重要数据。作为企业网络安全防护人员，现在需要对数据库进行一些维护。具体要求如下：

1）更改数据库默认备份位置到 E:\backup 目录。

2）备份 employee 数据库到 E:\ employee 目录下，备份文件名为 employee. bak。

3）制订数据库维护计划 employee，制订子计划 data 每周一、三、五的 23：00 对 employee 数据库进行完整备份；制订子计划 log 每天整点对 employee 数据库进行事务日志备份。

知识准备

1. SQL Server 的恢复模式与备份

SQL Server 有简单恢复模式、完整恢复模式和大容量日志恢复模式 3 种恢复模式。通常，数据库使用完整恢复模式或简单恢复模式，可以随时切换为其他恢复模式。3 种恢复模式对比见表 3-3。

表 3-3

恢复模式	说　　明	工作丢失的风险	能否恢复到时点
简单	1）无日志备份。自动回收日志空间以减少空间需求，实际上不再需要管理事务日志空间 2）简单恢复模式不支持要求事务日志备份的操作。在简单恢复模式中不能使用以下功能： ● 日志传送 ● AlwaysOn 或数据库镜像 ● 没有数据丢失的介质恢复 ● 时点还原	最新备份之后的更改不受保护。在发生灾难时，这些更改必须重做	只能恢复到备份的结尾
完整	1）需要日志备份 2）数据文件丢失或损坏不会导致丢失工作	1）可以恢复到任意时点，正常情况下没有丢失工作的风险 2）如果日志尾部损坏，则必须重做自最新日志备份之后所做的更改	如果备份在接近特定的时点完成，则可以恢复到该时点

续表

恢复模式	说　明	工作丢失的风险	能否恢复到时点
大容量日志	1）需要日志备份。通过使用最小方式记录大多数大容量操作，减少日志空间使用量 2）是完整恢复模式的附加模式，允许执行高性能的大容量复制操作	如果在最新日志备份后发生日志损坏或执行大容量日志记录操作，则必须重做自该上次备份之后所做的更改，否则不丢失任何工作	可以恢复到任何备份的结尾。不支持时点恢复

以下是备份的几个相关概念。

1）完整备份（Full Backup）：包含特定数据库或者一组特定的文件组或文件中的所有数据，以及可以恢复这些数据的足够的日志。

2）差异备份（Differential Backup）：基于完整数据库、部分数据库或一组数据文件或文件组（差异基准）的最新完整备份，并且仅包含自确定差异基准以来发生更改的数据。

3）事务日志备份（Log Backup）：包括以前日志备份中未备份的所有日志记录的事务日志备份（完整恢复模式）。

2. 制定备份策略

最佳备份策略取决于各种因素，以下因素尤其重要：

1）一天中应用程序访问数据库的时间有多长。完整备份一般安排在非高峰时段。

2）更改和更新可能发生的频率。在简单恢复模式下，应将差异备份安排在完整数据库备份之间，因为差异备份只能捕获自上次完整数据库备份之后的更改；在完整恢复模式下，应安排经常的日志备份。在完整备份之间安排差异备份可减少数据还原后需要还原的日志备份数，从而缩短还原时间。

3）可能只是更改数据库的小部分内容，还是需要更改数据库的大部分内容。对于更改集中于部分文件或文件组的大型数据库，部分备份和/或文件备份非常有用。

4）完整数据库备份需要多少磁盘空间。应当在企业业务需求与存储空间取得一个平衡。

5）企业需要维护过去多久的备份。应根据应用程序需求和业务需求制订适当的备份计划。在 SQL Server 中可通过数据库维护计划制订备份计划。

任务实施

1）更改数据库默认备份位置。在 SSMS 窗口中右击服务器实例，在弹出的快捷菜单中选择"属性"命令，打开"服务器属性"对话框，在左侧选择"数据库设置"选项卡，在右侧"数据库默认位置"栏下更改默认备份路径，如图 3-27 所示。

微课 3-4
备份数据库

图 3-27

2）备份 employee 数据库。在 SSMS 窗口中右击 employee 数据库，在弹出的快捷菜单中选择"任务"→"备份"命令，打开"备份数据库"对话框。按要求设置备份路径，其他默认，如图 3-28 所示，最后单击"确定"按钮即开始进行数据库的备份。

图 3-28

备份完成后将会弹出如图 3-29 所示提示框，单击"确定"按钮即可。

图 3-29

3）制订数据库维护计划。在 SSMS 左侧"对象资源管理器"窗口中右击"维护计划"项，从弹出的快捷菜单中选择"新建维护计划"命令，如图 3-30 所示。

在打开的"新建维护计划"对话框中更改默认的计划名称为指定的名称 employee，并单击"确定"按钮，如图 3-31 所示。

创建了数据库维护计划后，将会在 SSMS 左侧出现"工具箱"窗口，如图 3-32 所示，其上有常用的维护计划任务。

图 3-30

图 3-31   图 3-32

双击"子计划"下的默认子计划，更改默认的子计划名为 data，如图 3-33 所示。

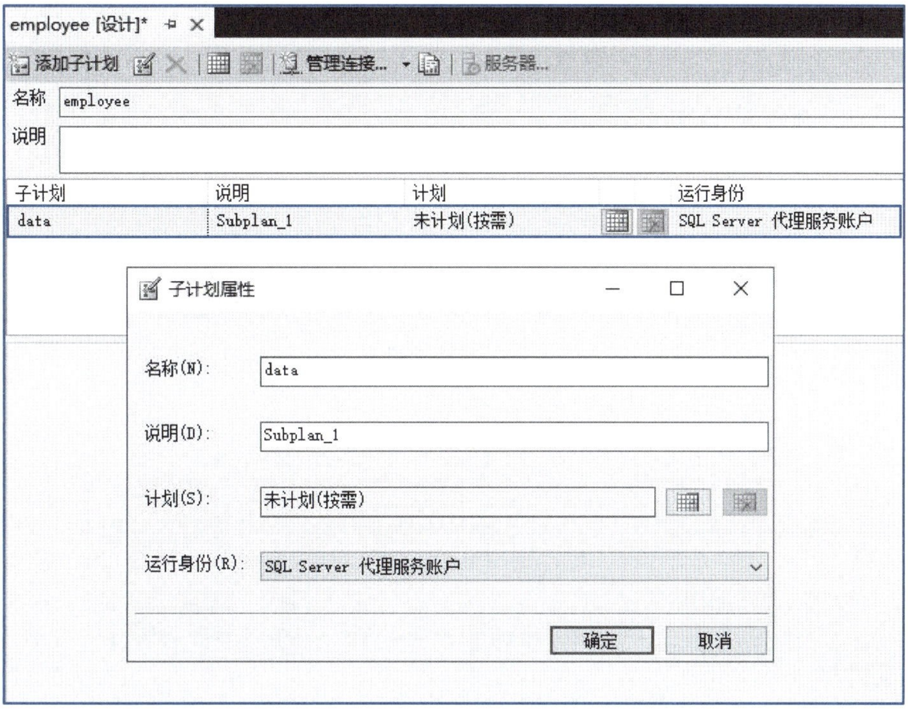

图 3-33

从"工具箱"中拖移一个"备份数据库"任务至 data 子计划空白处，如图 3-34 所示。

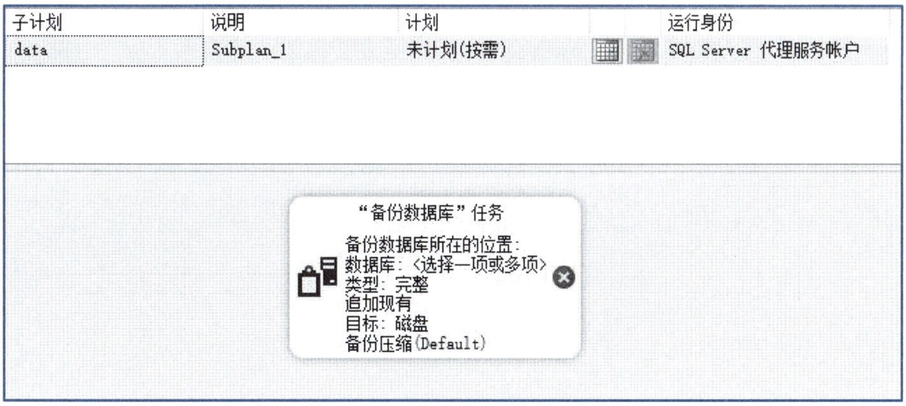

图 3-34

双击"'备份数据库'任务"项，打开"'备份数据库'任务"设置对话框，选择 employee 数据库，并单击"确定"按钮，如图 3-35 所示。

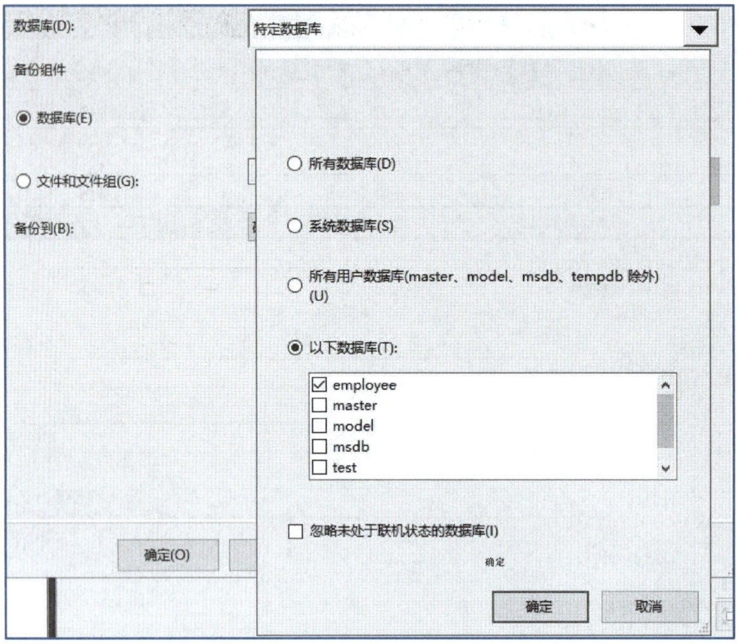

图 3-35

其他配置默认，并单击"确定"按钮完成数据库备份设置，如图 3-36 所示。

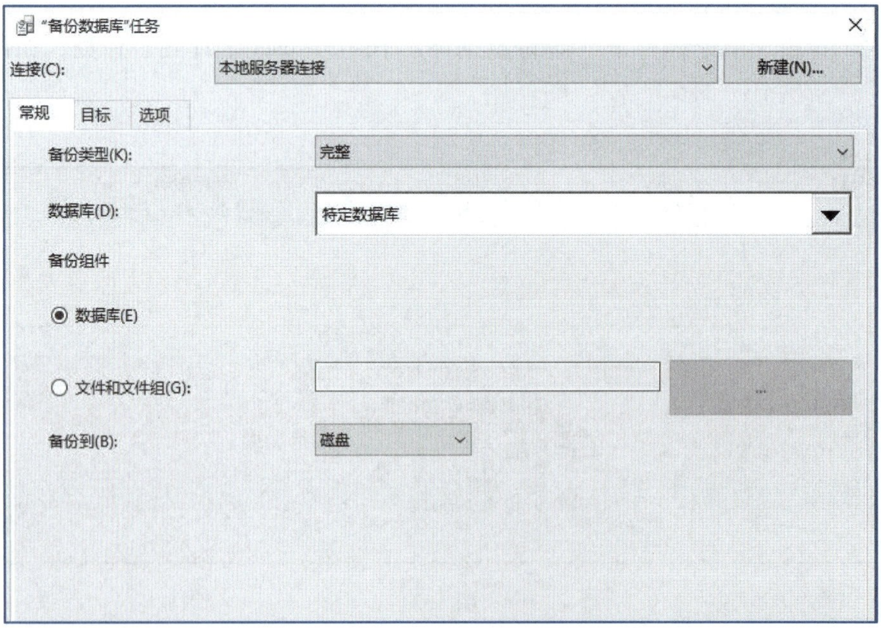

图 3-36

接下来指定执行备份的时间。双击如图 3-37 所示的 data 子计划列表右侧的日期图标，打开如图 3-38 所示"新建作业计划"对话框，按要求设置备份的时间。注意：设置时分秒处有覆盖，可通过选择时间后移动键盘左右键切换时分秒；摘要处可查看到具体的设置。

图 3-37

图 3-38

返回 SSMS 窗口，单击工具栏中的"添加子计划"按钮，打开"子计划属性"对话框，可添加 log 子计划，如图 3-39 所示。

从"工具箱"中拖移一个"备份数据库"任务至 log 子计划空白处。双击"'备份数据库'任务"项进行事务日志备份设置，如图 3-40 所示。

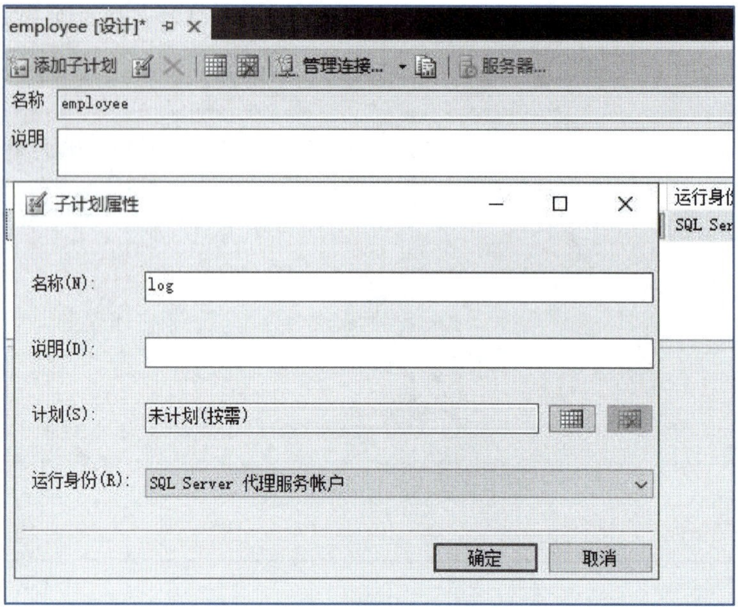

图 3-39

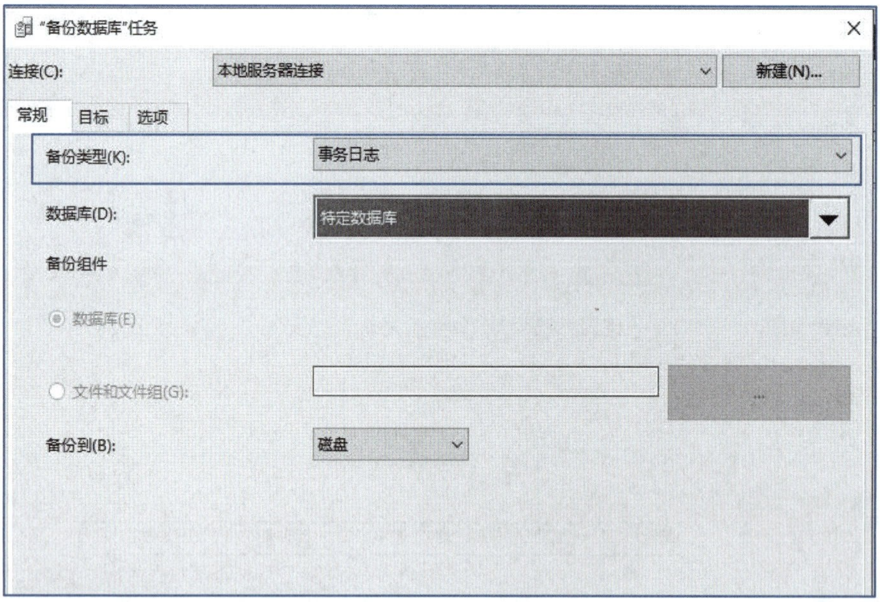

图 3-40

根据要求设置事务日志备份时间，如图 3-41 所示。

在 SQL Server 中计划作业由 "SQL Server 代理" 服务来管理，默认该服务关闭。如要计划作业按时执行还需开启此服务，结果如图 3-42 所示。

图 3-41

图 3-42

任务 3-5　还原与恢复数据库

任务描述

公司现有一台 SQL Server 2019 数据库服务器，其上存放企业的一些数据，不过由于人为误操作删除了几个数据库。作为企业网络安全防护人员，现在需要对数据库进行恢复。具体要求如下：

1）使用 E:\Backup\products 目录中的 products 数据库的备份文件还原 products 数据库。

2）使用 E：\Backup\web 目录中的 web 数据库的完整备份、差异备份文件还原 web 数据库。

3）使用 E：\Backup\sample 目录中的 sample 数据库的完整备份、事务日志备份文件还原 sample 数据库到 2020 年 08 月 11 号 13 时 26 分 01 秒。

知识准备

SQL Server 还原和恢复功能支持整个数据库、数据文件或数据页的备份还原数据。

1）数据库完整还原：还原和恢复整个数据库，并且数据库在还原和恢复操作期间处于脱机状态。

2）文件还原：还原和恢复一个数据文件或一组文件。在文件还原过程中，包含相应文件的文件组在还原过程中自动变为脱机状态，访问脱机文件组的任何尝试都会导致错误。

3）页面还原：在完整恢复模式或大容量日志恢复模式下，可以还原单个数据库。可以对任何数据库执行页面还原，而不论文件组数为多少。

微课 3-5
还原与恢复数据库

任务实施

1）还原 products 数据库。在 SSMS 左侧"对象资源管理器"窗口中右击"数据库"项，从弹出的快捷菜单中选择"还原数据库"命令，打开"还原数据库"对话框。在"源"项目栏下选中"设备"单选按钮，并添加备份文件路径，其他默认，如图 3-43 所示，再单击"确定"按钮即可还原数据库。

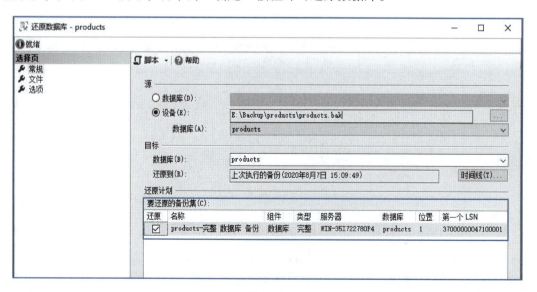

图 3-43

若能成功还原数据库，将会弹出如图 3-44 所示提示框。

2）还原 web 数据库。同步骤 1 的操作，打开"还原数据库"对话框，在"源"项目栏下选中"设备"单选按钮，并添加备份文件。在 web 目录下有多个备份文件，全部选中，如图 3-45 所示。

单击"确定"按钮后，SQL Server 会自动分析备份文件，结果如图 3-46 所示。从图中可以看到，备份文件包含完整备份及差异备份文件，它们分别是最后一次的完整备份及差异备份文件。

图 3-44

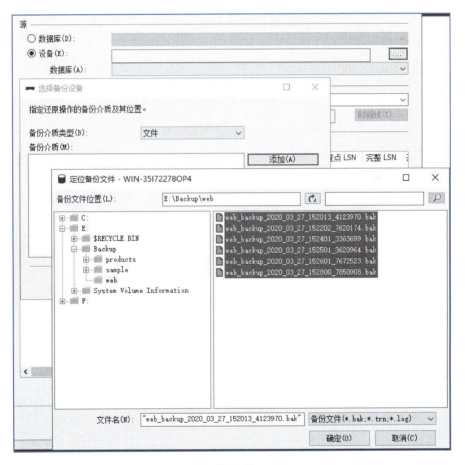

图 3-45

3）还原 sample 数据库。同步骤 1 的操作，打开"还原数据库"对话框，在"源"项目栏中选中"设备"单选按钮，并添加备份文件。在 sample 目录下也有多个备份文件，全部选中，并单击"确定"按钮。在"目标"项目栏的"还原到"项中可以设置想要还原的时间点。单击"时间线"按钮，打开"备份时间线"对话框，设置需要还原到的详细时间，如图 3-47 所示，最后单击"确定"按钮，开始还原 sample 数据库。

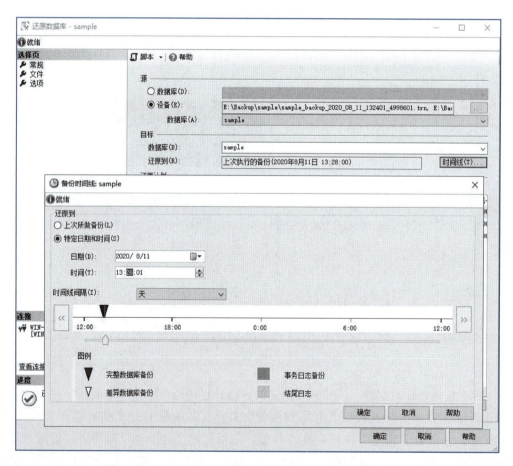

图 3-46

图 3-47

项目实训

　　公司现有一台 SQL Server 2019 数据库服务器，其上存放企业网站的后台数据库 web。现在需要企业网络安全防护人员对数据库进行安全管理，既能满足网站的连接、使用，又能降低数据库被攻击的风险。具体要求如下：

　　1）禁用默认管理员账户 sa，审核成功和失败的登录。

　　2）创建网站数据库连接账户 web，服务器角色默认，并授予其对 web 数据库的读写权限。

　　3）服务器仅允许使用 TCP/IP。

　　4）分类测试数据库 test。

　　5）为 web 数据库制订维护计划 web，其中包含子计划 data，每周二、四、六 22:00 进行完整备份；子计划 log，每周一、三、五、日整点进行事务日志备份。

项目总结

　　通过本项目的学习，应当掌握 SQL Server 数据库的用户管理；使用视图、存储过程等提高应用数据时的安全性；从网络、操作系统、SQL Server 服务自身等方面进行安全配置；制定数据库备份策略并实施，当数据库出现损坏时能正确对数据库进行还原及恢复。

课后习题

一、选择题

　　1. 数据库管理系统的（　　）功能包括数据库恢复、数据的完整性控制以及数据库安全性控制等。

　　　　A. 数据操作　　　　B. 数据运行管理　　　　C. 数据库保护　　　　D. 数据库维护

　　2. 常见的数据库管理系统不包括（　　）。

　　　　A. Oracle　　　　B. SQL Server　　　　C. MySQL　　　　D. Ubuntu

　　3. SQL Server 安装完成后默认的系统数据库不包括（　　）。

　　　　A. master　　　　B. model　　　　C. msdb　　　　D. test

　　4. SQL Server 中的（　　）数据库记录了 SQL Server 的所有系统信息。这些系统信息包括所有的登录信息、系统设置信息、SQL Server 的初始化信息和其他数据库的相关信息。

  A. master   B. model   C. msdb   D. tempdb

 5. SQL Server 中的（　　）数据库记录了任务计划信息、事件处理信息、数据备份及恢复信息、警告及异常信息。

  A. master   B. model   C. msdb   D. tempdb

 6. SQL Server 中的（　　）服务器角色可以在 SQL Server 中执行任何活动。

  A. sysadmin   B. serveradmin   C. securityadmin D. public

 7. SQL Server 中的（　　）数据库角色可以执行数据库中所有动作。

  A. db_owner   B. db_accessadmin C. db_securityadmin D. public

 8. SQL Server 支持的 3 种协议不包括（　　）。

  A. Shared Memory B. Named Pipes C. HTTP   D. TCP/IP

 9. SQL Server 的 3 种恢复模式不包括（　　）。

  A. 简单恢复模式   B. 完整恢复模式

  C. 大容量日志恢复模式   D. 差异恢复模式

 10. SQL Server 中，（　　）包含特定数据库或者一组特定的文件组或文件中的所有数据，以及可以恢复这些数据的足够的日志。

  A. 完整备份 B. 差异备份   C. 日志备份   D. 增量备份

二、判断题

 1. 数据库管理系统通常具有数据定义、数据操作、数据库运行管理、数据组织存储与管理、数据库保护以及数据库维护等功能。（　　）

 2. SQL Server 支持 Windows 身份验证模式和混合模式两种身份验证模式。（　　）

 3. 在 SQL Server 中，登录不需要在数据库中有相映射的数据库用户就能访问数据库。
（　　）

 4. 在 SQL Server 中，由于 guest 用户的存在，没有数据库用户账户的登录可以通过 guest 用户访问数据库。（　　）

 5. 在 SQL Server 中，视图可以查询、修改数据。（　　）

 6. 在 SQL Server 中，可以通过存储过程实现数据的增、删、改、查。（　　）

 7. 在 SQL Server 中，系统扩展存储过程仅存在于 master 数据库中。（　　）

 8. 在 SQL Server 中，简单恢复模式只能恢复到备份的结尾。（　　）

三、简答题

 1. 在对 SQL Server 进行安全管理时，一般从哪几个层面去考虑？

 2. 制定数据库备份策略时一般要考虑哪些问题？

第2部分
网络安全设备配置

学习情境

随着技术的不断发展，当今社会已进入了大数据、云端服务的时代，每个企业的发展都离不开网络环境的支撑，而企业网络的安全威胁也随之提升，企业网络管理、维护人员就需要具备一定的网络搭建、安全防护的技能。企业用户一般采用防火墙作为安全保障体系的第一道防线，但在实际应用中，存在这样或那样的问题，由此就产生了 WAF（Web Application Firewall，Web 应用防护系统）。WAF 代表了一类新兴的信息安全技术，用以解决诸如防火墙一类的传统设备束手无策的 Web 应用安全问题。与传统防火墙不同，WAF 工作在应用层，因此对 Web 应用防护具有先天的技术优势。基于对 Web 应用业务和逻辑的深刻理解，WAF 对来自 Web 应用程序客户端的各类请求进行内容检测和验证，确保其安全性与合法性，对非法的请求予以实时阻断，从而对各类网站站点进行有效防护。

学习目标

知识目标
1）了解 WAF 的功能及作用。
2）了解 WAF 的使用环境。
3）了解 WAF 的基础配置。
4）了解 WAF 的安全策略配置。

技能目标
1）学会部署 WAF。

2）学会配置 WAF 的基础配置。

3）学会配置合适的 WAF 安全策略配置。

相关知识

1. WAF 产品的定位与特点

互联网技术快速发展，使得 Web 业务成为当前互联网应用最为广泛的业务。门户网站、在线交易系统、报名系统、邮箱等大量在线应用业务都依托于 Web 服务进行，由于用户资金、进度、安全意识等方面的影响，这些 Web 业务系统并没有进行充分的安全评估从而导致存在大量的安全隐患。

Web 攻击行为是针对 Web 业务系统开放的 HTTP 或者 HTTPS 端口进行攻击的，导致普通的网络防火墙、入侵防御系统无法发现和阻止这些攻击行为。由于网站的开发人员缺乏安全意识，使得 Web 业务系统存在代码层面的漏洞，黑客能够利用这些漏洞对网站发起攻击行为，如 SQL 注入、跨站脚本等。

另外，0day 漏洞频发，包括 Web 容器（IIS、Apache、Nginx 等）、CMS 漏洞（拓尔思文件获取漏洞、博达注入漏洞等）、第三方组件漏洞（Struts2 漏洞、OpenSSL 心脏滴血漏洞等）。黑客可以利用这些 0day 漏洞轻易地对 Web 业务发起攻击，与金钱相关的金融机构以及用户的个人信息（身份证、电话号码、社保医疗、信用卡等）成为黑客攻击和信息窃取的主要目标。

最后，业务系统中由于管理的问题也存在诸多安全隐患，如弱口令、管理员界面等，导致黑客、病毒可以利用这些缺陷对网站进行攻击。

为解决 Web 业务系统所面临的安全威胁，WAF（Web Application Firewall，Web 应用防护系统）应运而生。

2. WAF 的应用场景

（1）单链路场景（透明代理）

在单链路环境下，用户现场可能有一个 DMZ 服务器区域或者多个 DMZ 区域。根据用户的实际需求，如果单独只对某个 DMZ 区域的服务器进行防护，可以将 WAF 放在汇聚交换机之前；如果客户需要对多个 DMZ 区域的服务器进行防护，则需要将 WAF 放在网络防火墙和核心交换机之间。单链路环境下采用透明代理的典型应用场景如图 4-1 所示。

WAF 的部署位置一般部署在靠近服务器的位置，透明代理模式为最常用的部署模式，部署在汇聚交换机之前可以对多个 DMZ 区域的服务器进行防护。

采用透明串接的方式不需要改变用户的网络结构，透明代理下有硬件 Bypass（物理直通）功能。当 WAF 出现故障时，可以快速地将 WAF 切到 Bypass（物理直通）状态保证

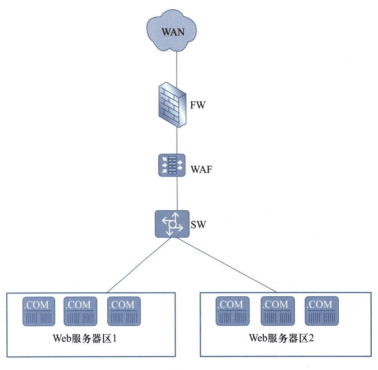

图 4-1

Web 业务的正常运行。

（2）单链路场景（反向代理）

由于用户的网络环境比较复杂，网络流量比较大或者用户不希望采用串接的方式，那么可以采用反向代理的方式，旁挂在核心交换机或者路由器上。目前反向代理有以下两种模式：

1）代理模式。通过网络防火墙更改目的 NAT 映射，将 DNAT 映射到 WAF 业务口的前端地址，用户访问的是 WAF 业务口的前端地址，而将服务器的 IP 地址隐藏，后端服务器看到的源 IP 地址为 WAF 业务口的后端地址。

2）牵引模式。通过核心交换机上做策略路由，将访问服务器的 HTTP 流量牵引到 WAF，需要根据 IP 和 PORT 进行牵引，下一跳地址为 WAF 的前端地址，用户访问的还是服务器真实的 IP 地址，后端服务器看到的源 IP 地址为 WAF 业务口的后端地址。

反响代理的典型部署方式如图 4-2 所示。

反向代理模式主要用于网络环境比较复杂，WAF 无法串接的环境中。

（3）旁路监控模式

旁路监控模式是指客户在部署环境中，采用端口镜像的方式，将连接 Web 服务器的交换机端口镜像到另外一个端口（该端口接 WAF 设备的 IN 口），如此达到旁路监控的目的。在旁路监控模式下，WAF 只对客户端的 HTTP 请求包进行检测，对于响应包不做检测，对攻击无法实现阻断效果，亦不影响业务访问。旁路监控模式的部署如图 4-3 所示。

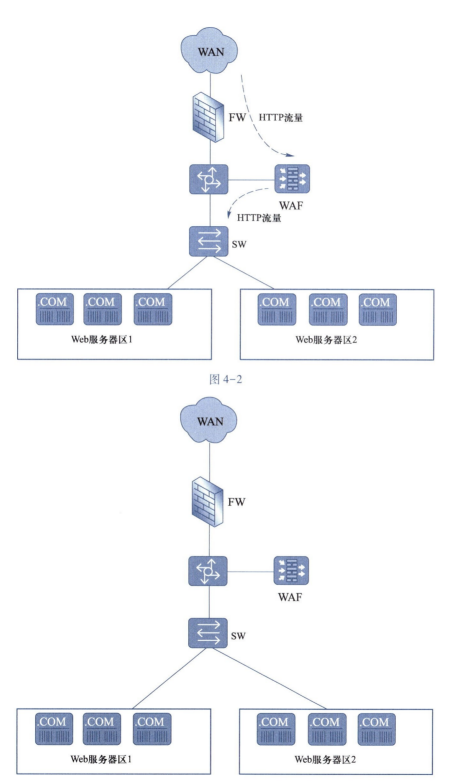

图 4-2

图 4-3

（4）桥模式

桥模式是真正意义上的透明模式，继承了 IPS 模式的透明工作机制和代理模式的防护能力，串接在用户网络中，可实现即插即用，而无须用户更改网络设备与服务器配置。WAF 部署在汇聚交换机前端，处理到 Web 服务器的请求流量。在桥模式下，WAF 不会更改数据包中的任何内容，如源 MAC、源端口、TCP 序列号、HTTP 协议版本等，而只对请求流量进行检测，可以对攻击执行阻断，但不处理响应流量。即使响应流量不经过 WAF，也可以工作。桥模式的部署如图 4-4 所示。

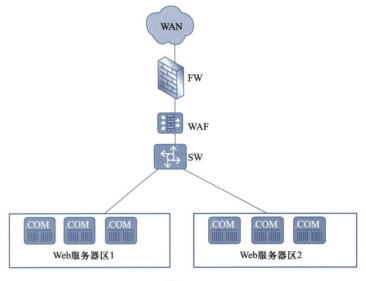

图 4-4

（5）主备链路场景（透明代理主备模式）

部署环境为主备链路，用户希望对主备链路同时进行防护，需要部署两台 WAF，主备链路各一台，两台 WAF 开启 HA 功能，通过心跳线进行连接。透明代理下 HA 典型部署如图 4-5 所示。

WAF 采用主备的方式，当主链路出现问题，流量切换到备链路之后，备链路 WAF 可以进行流量的清洗防护。主备 WAF 也可以实现配置同步。

3. WAF 的优势及特点

1）能够对 HTTP/HTTPS 流量进行解析，可以有效地识别并且能够完整记录 HTTP 请求头部、请求内容、响应头部、响应内容。

2）采用黑白名单双引擎架构。WAF 采用白名单安全引擎与黑名单安全引擎相结合的方式工作，实现了正常请求快速识别与转发，未知请求进行深度清洗的安全策略，从而实现安全性与可用性的最佳结合。工作在双模式引擎之下的 WAF 将首先对请求在网络层进行安全识别，网络层允许的请求才进行安全检测；通常情况下 90% 以上的访问是正常的访问，因此引入了安全白名单检查技术，快速识别正常的访问进行转发，只有极少数无法识别为正常的请求即可疑的攻击请求将进入黑名单规则进行检测,从而实现了正常用户与攻击者相分离的效果,保障网站安全的同时增强了用户体验的效果。

3)能够有效识别 SQL 注入、跨站攻击、命令注入、爬虫、盗链、篡改等 OWASP TOP10 攻击行为。

4)纵深 Web 安全防御。WAF 充分考虑 Web 应用系统可能存在的安全风险,对网络层、Web 服务层、Web 应用程序层等层面进行全方位安全分析与防御。针对各个层面不同的安全属性,分别采取相互独立的安全防御技术针对性防御,从整体上提升 Web 应用的安全防御能力。

5)内容分析和响应检查。WAF 内置了内容安全检测模块,可以实现对敏感内容泄露的分析与阻断,特别是对中文词组的分析与检测,适用于需要限制提交敏感言论的论坛、留言板、在线业

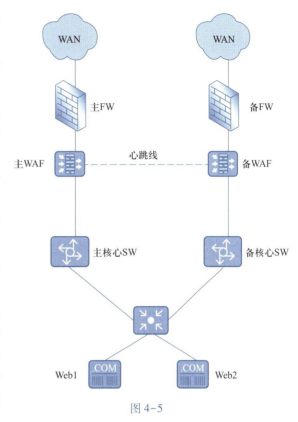

图 4-5

务系统等;内置的防敏感内容泄露模块可以有效防御诸如手机号、身份证号码、信用卡卡号、邮件地址等内容的泄露,从而防止因为用户数据丢失而给企业带来的信任危机。

6)TCP 协议加速。当一个 TCP 连接开始传输数据时,由于并不知道双方通道的带宽,为了最大限度地利用带宽,传输是一个逐渐加速的过程。起初,假设带宽是一个比较小的值,通过另一端的反馈来逐渐增大对带宽的估计值。通过增大该估计值,TCP 允许在未收到反馈时传输更多的包(即在途的包数目),最终达到稳定值。这个过程称为 TCP 慢启动,其时间的长短直接影响了用户的 Web 体验。

WAF 通过优化与客户端的 TCP 协议栈,使得传输速度大幅度提升,特别是在不同运营商之间往返时间较长时,效果非常明显。

7)高速缓存。WAF 为了提高被保护系统的访问速度,同时消除 WAF 过滤分析过程中带来的延时,定制 WAF 提供应用加速功能。通过高速缓存和相关算法镜像及管理相关的静态内容,一旦有用户访问,客户端直接通过 WAF 缓存中获取,避免了用户重复通过 Web 服务器并进行协议解析等相关操作,从而加快了访问速度,减轻了 Web 服务器的负担。

8)安全监控与服务发现。为了更好监控 WAF 自身状态以及所防护对象的安全状态,WAF 通过站点自动侦测、安全态势监测、自身健康度监测等多个方面进行全面的监测与展现。

通常情况下管理员需要手工指定 WAF 需要防护哪些 Web 应用,当有大量的网站群需

要防护时，或者具有复杂的域名对应关系时，则通常难以手工对服务进行确认。另一方面，数据中心的 Web 服务可能随着业务的增加而不断有新的服务开启，此时安全管理员可能并未被告知，因此 Web 服务的监测与自动发现有助于 Web 应用的安全管理。

开启 WAF 站点自动侦测功能，可轻松实现 WAF 部署的即插即用，不需要复杂的环境调研和现场确认，加载自动发现的服务对象即可实现快速安全防护策略的部署。

此外，WAF 还实现了基于安全事件级别的安全监控，通过对安全日志分析、攻击者跟踪等手段，将最具有危害的行为、最需要处理的事件展现给管理员，实现高效管理。

Web 应用系统与传统网络特性不一样，决定业务系统的关键性能指标通常不是由网络流量或带宽所决定，而是由 HTTP 每秒处理事务数决定。除此之外，Web 应用系统中通常用 HTTP 请求数指标来衡量业务系统的性能，因此 WAF 本身的性能情况、业务系统的性能情况均可通过 WAF 直观地展现出来，有利于管理员对业务系统性能情况的总体了解，并有利于业务系统出现故障时辅助分析定位问题。

9）高可用性保障。

● 透明代理和反向代理下支持 HA 功能，可以实现配置同步。

● 支持端口联动功能，当一个 Protect 内的一个接口 Down 时会强制将另外一个接口 Down。

● 支持设备自身监控，对 WAF 的 CPU、内存、硬盘使用率进行监控，当超过预定阀值时会自动将设备切换到 Bypass（物理直通）状态。

● 支持端口检测功能，当 WAF 其中一个接口 Down 时，WAF 会自动切到 Bypass（物理直通）状态。

10）精准的 CC 攻击防护

● 支持多重检测算法。

● 独创的集中度和速率双重检查算法，减小误判实现精准防护。

● 可基于 URL、请求头字段、目标 IP 地址、请求方法等多种组合条件进行检测。

● 检测对象支持 IP 或 IP+URL 或者 IP+User-agent 算法，IP 可支持 NAT 前的地址解析。

● 自学习用户流量模型，如新建、并发等参数。

● 根据流量模型监控流量是否异常，按需开启 CC 防护策略。

● 客户端访问时，WAF 发起 JS 挑战验证是真实客户还是 CC 工具发起的访问。

● 基于地理位置的防护单元。

● 支持基于地理位置的识别，可设置不同地理区域的防护单元。

WAF 实时监测网站服务器是否被非法更改，一旦发现被改则第一时间通知管理员，并形成详细的日志信息。与此同时，WAF 系统将对外显示之前的正确页面，防止被篡改的内容被访问到。

任务 4-1　部署 WAF

任务描述

某企业有一台服务器通过 Internet 提供网络服务，为了保障业务安全，采购了 Web 应用防火墙。企业网络拓扑图如图 4-6 所示。

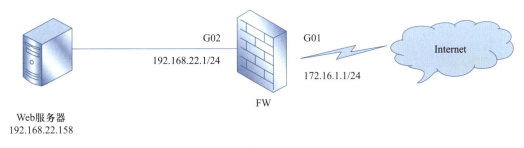

图 4-6

作为公司的安全管理员，现在需要对防火墙设置正确的部署方式，具体要求如下：

1）在 WAF 管理面板中开启 WAF 功能，并截图留存。

2）配置保护站点，站点名称为 DBAPP04，IP 地址为 192.168.22.158，端口为 80，服务器优先级为 100，最大连接数为 1 000，最大失败次数为 10，失败超时为 60。

3）查看预设规则组的所有设置，并启用 WAF。

任务实施

微课 4-1
部署 WAF

1. 场地设备要求

1）计算机一台。

2）Web 应用防火墙。

2. 工作任务

1）在 WAF 管理面板中开启 WAF 功能，并截图留存。

① 在 WAF 管理面板中选择"接口"→"分配"项，单击"添加接口"右侧的"+"按钮，添加端口 G01（172.16.1.1/24）、G02（192.168.22.1/24）并分配 IP 地址，然后启用端口，如图 4-7~图 4-9 所示。

② 在 WAF 管理面板中选择"防火墙"→"规则"项，分别配置 G01、G02 的接口安全规则为准许所有协议通过，如图 4-10 和图 4-11 所示。

图 4-7

图 4-8

图 4-9

2）配置保护站点，站点名称为 DBAPP04，IP 地址为 192.168.22.158，端口为 80，服务器优先级为 100，最大连接数为 1 000，最大失败次数为 10，失败超时为 60。

① 在 WAF 管理面板中选择"服务"→"Nginx"→"配置"项，单击"上游"选项卡，选择"上游服务器"命令，输入站点描述 DBAPP04，配置 IP 地址和端口，其他保持默认，如图 4-12 所示。

② 在 WAF 管理面板中选择"服务"→"Nginx"→"配置"项，单击"上游"选项卡，选择"上游服务器"命令，站点描述为 DBAPP04-BACKEND，选择适当的服务器条目，其他保持默认，如图 4-13 所示。

图 4-10

图 4-11

③ 在 WAF 管理面板中选择"服务"→"Nginx"→"配置"项，单击"HTTP（S）"选项卡，选择"本地"命令。站点描述为 DBAPP04，选择适当的网址格式，启用安全规则并绑定所有自定义安全策略，选择已配置的上游服务器，其他保持默认，如图 4-14 所示。

图 4-12

图 4-13

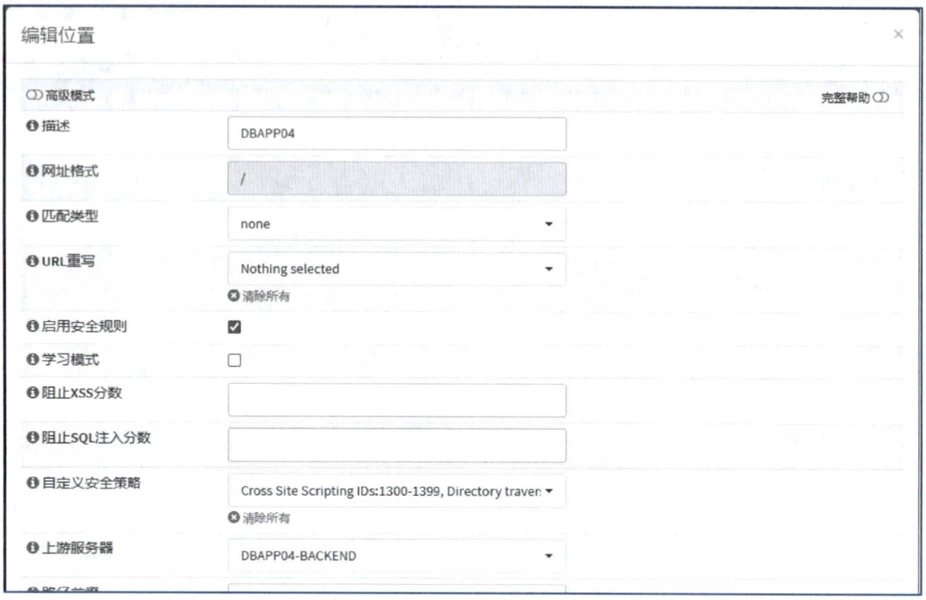

图 4-14

④ 在 WAF 管理面板中选择"服务"→"Nginx"→"配置"项，单击"HTTP（S）"选项卡，选择"HTTP 服务器"命令。输入服务器名称 DBAPP 并选择适当的位置，其他保持默认，如图 4-15 所示。

图 4-15

⑤ 在 WAF 管理面板中选择"系统"→"设置"→"管理"项，修改 TCP 端口为 8443，选中"禁用 Web GUI 重定向规则"复选框，如图 4-16 所示。

3）查看预设规则组的所有设置，并启用 WAF。

① 在 WAF 管理面板中选择"服务"→"Nginx"→"配置"项，单击"HTTP（S）"选项卡，选择"Naxsi WAF 规则"命令，如图 4-17 所示。在打开的"编辑 WAF 策略"对话框中可以查看该策略组的当前所有默认规则。

② 配置完成后，在"常规设置"选项卡中选中"启用 nginx"复选框，再单击"应用"按钮启用 WAF，如图 4-18 所示。

图 4-16

图 4-17

图 4-18

任务 4-2　配置合适的 WAF 策略

任务描述

　　某企业为保证公司内部业务的安全性，购置一台 Web 应用防火墙（WAF），目前需要对公司内部的 Web 服务器进行安全保护。将 WAF 部署为反向代理模式并保护子网中的 Web 服务器，根据需求修改 WAF 策略。企业网络拓扑图如图 4-6 所示，具体要求如下：

　　1）在 WAF 管理面板中开启 WAF 功能。

　　2）配置保护站点，站点名称为 DBAPP01，IP 地址为 192.168.22.158，端口为 80，服务器优先级为 200，最大连接数为 15 000，最大失败次数为 5 次，失败超时为 30 秒。

　　3）查看 WAF 策略组的所有设置。

　　4）删除 SQL Injection IDS 策略。

任务实施

微课 4-2
配置合适的
WAF 策略

1. 场地设备要求

　　1）计算机一台。

　　2）Web 应用防火墙。

2. 工作任务

　　1）在 WAF 管理面板中开启 WAF，并截图留存，操作同任务 4-1 步骤 1，此处不再赘述。

　　2）配置保护站点，站点名称为 DBAPP01，IP 地址为 192.168.22.158，端口为 80，服务器优先级为 200，最大连接数为 15 000，最大失败次数为 5 次，失败超时为 30 秒。

　　① 在 WAF 管理面板中选择"服务"→"Nginx"→"配置"项，单击"上游"选项卡，选择"上游服务器"命令，在打开的对话框中配置站点名称、IP 地址和端口，其他保持默认，如图 4-19 和图 4-20 所示。

　　② 在 WAF 管理面板中选择"服务"→"Nginx"→"配置"项，单击"上游"选项卡，选择"上游服务器"命令，站点描述为 DBAPP01-BACKEND，选择适当的服务器条目，其他保持默认，如图 4-21 所示。

　　③ 在 WAF 管理面板中选择"服务"→"Nginx"→"配置"项，单击"HTTP（S）"选项卡，选择"本地"命令，站点描述为 DBAPP01，配置网址格式，启用安全规则，绑定所有自定义安全策略并选择上游服务器，其他保持默认，如图 4-22 所示。

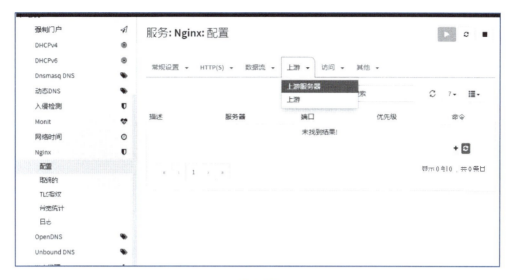

图 4-19

图 4-20

④ 在 WAF 管理面板中选择"服务"→"Nginx"→"配置"项，单击"HTTP（S）"选项卡，选择"HTTP 服务器"命令，输入服务器名称 DBAPP 并选择适当的位置，其他保持默认，如图 4-23 所示。

⑤ 在 WAF 管理面板中选择"系统"→"设置"→"管理"项，修改 TCP 端口为8443，选中"禁用 Web GUI 重定向规则"复选框。

3）在 WAF 管理面板中选择"服务"→"Nginx"→"配置"项，单击"HTTP（S）"选项卡，选择"Naxsi WAF 策略"命令，如图 4-24 所示。在打开的"编辑 WAF 策略"

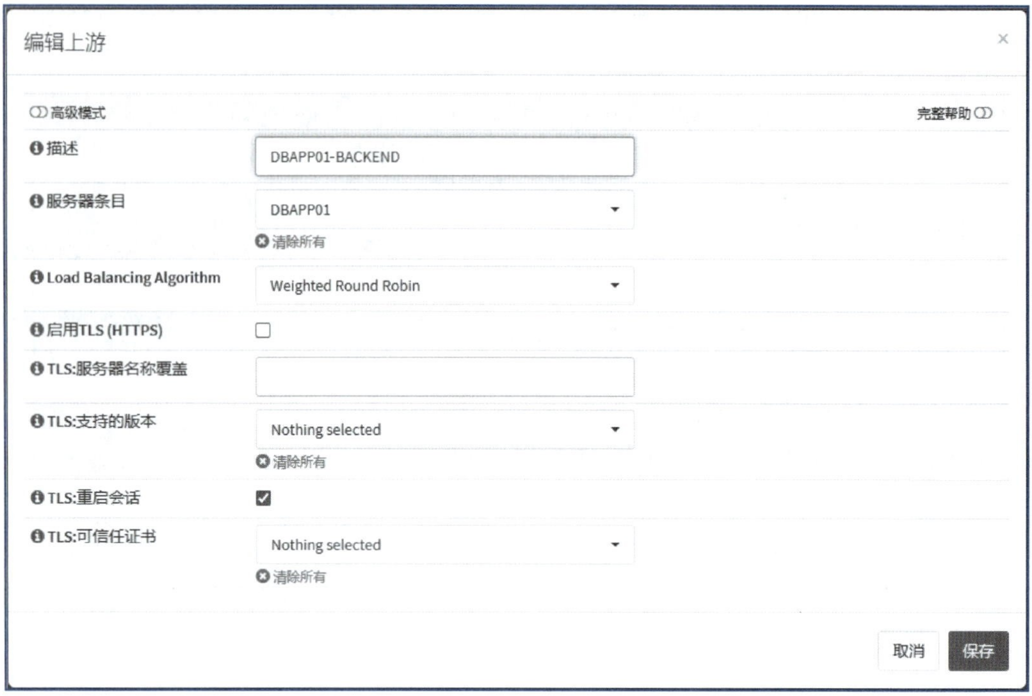

图 4-21

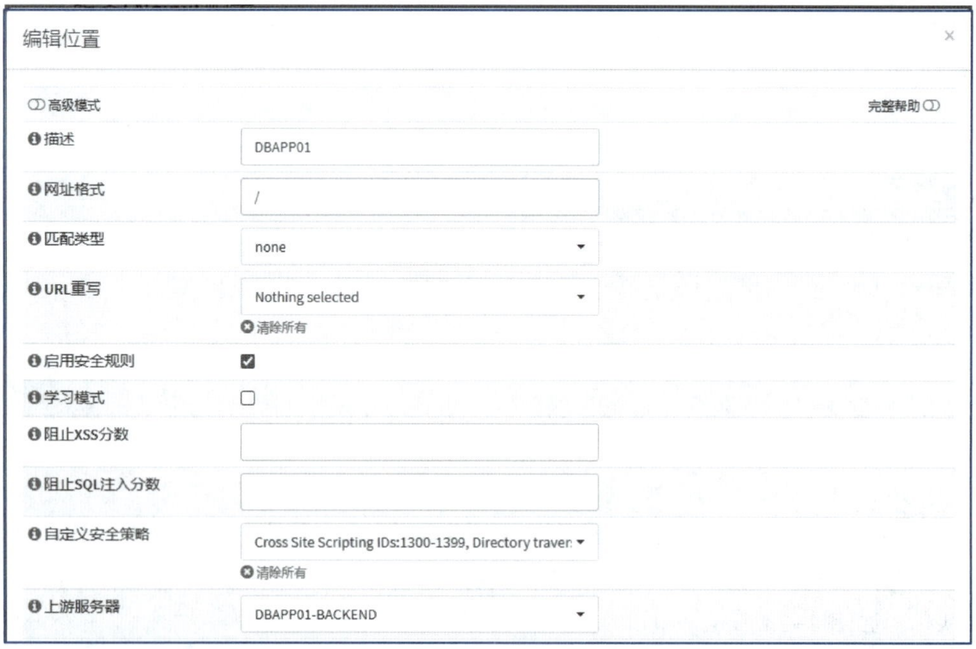

图 4-22

对话框中会显示该策略组的所有设置，找到"SQL Injection IDS"项，单击"修改"按钮，选择"删除连接"命令，其他默认，再单击"保存"按钮，如图 4-25 所示。

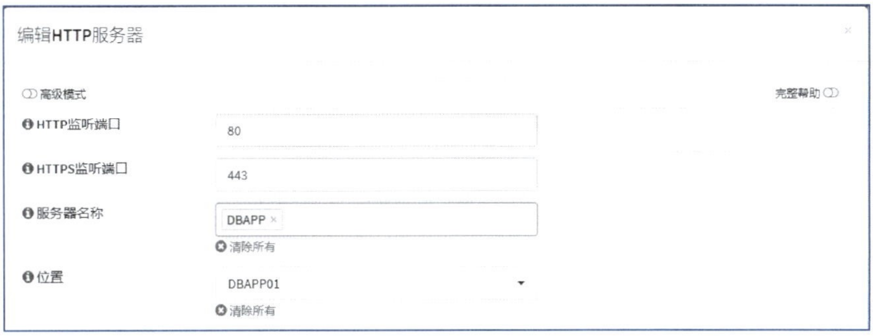

图 4-23

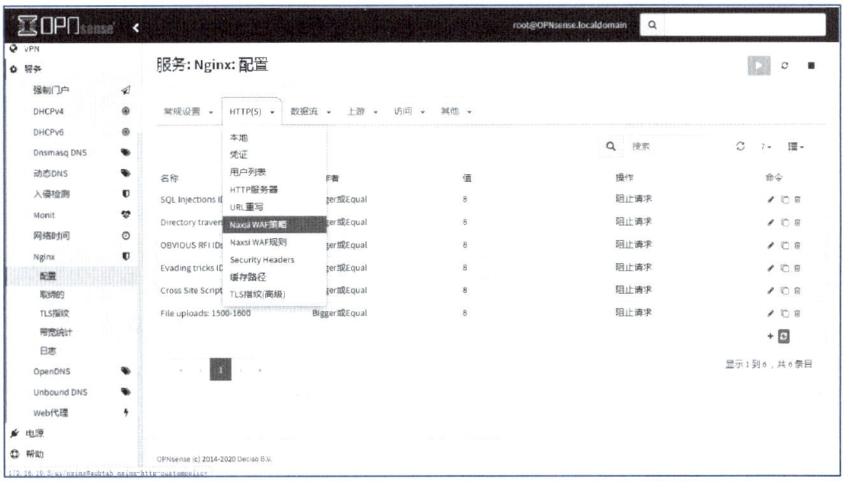

图 4-24

图 4-25

4）配置完成后，在"常规设置"选项卡中选中"启用 nginx"复选框，再单击"应用"按钮启用 WAF。

任务 4-3　配置合适的 WAF 日志与告警规则

任务描述

某企业为保证公司内部业务的安全性，购置一台 Web 应用防火墙（WAF），目前需要对公司内部的 Web 服务器进行安全保护。将 WAF 部署为反向代理模式并保护子网中的 Web 服务器，根据需求修改 WAF 策略。企业网络拓扑图如图 4-6 所示，具体要求如下：

1）在 WAF 管理面板中开启 WAF 功能。

2）配置保护站点，站点名称为 Web Server，IP 地址为 192.168.22.158，端口为 80，服务器优先级为 100，最大连接数为 10 000，最大失败次数为 10 次，失败超时为 60 秒。

3）将 ID 号为 1100 的预设规则加入到白名单。

4）在 WAF 管理页面中，添加 Web 服务器的日志信息为通知。

任务实施

微课 4-3
配 置 合 适 的
WAF 日 志 与
告警规则

1. 场地设备要求

1）计算机一台。

2）Web 应用防火墙。

2. 工作任务

1）在 WAF 管理面板中开启 WAF，并截图留存，操作同任务 4-1 步骤 1，此处不再赘述。

2）配置保护站点，站点名称为 Web Server，IP 地址为 192.168.22.158，端口为 80，服务器优先级为 100，最大连接数为 10 000，最大失败次数为 10 次，失败超时为 60 秒，开启限制请求，其他可以保持默认，并截图留存。

① 在 WAF 管理面板中选择"服务"→"Nginx"→"配置"项，单击"上游"选项卡，选择"上游服务器"命令，在打开的"编辑上游"对话框中输入站点描述 Web Server，配置 IP 地址和端口，其他保持默认，如图 4-26 所示。

② 在 WAF 管理面板中选择"服务"→"Nginx"→"配置"项，单击"上游"选项卡，选择"上游服务器"命令，在打开的对话框中设置站点描述为 Web Server-BACKEND，选择适当的服务器条目，其他保持默认，如图 4-27 所示。

图 4-26

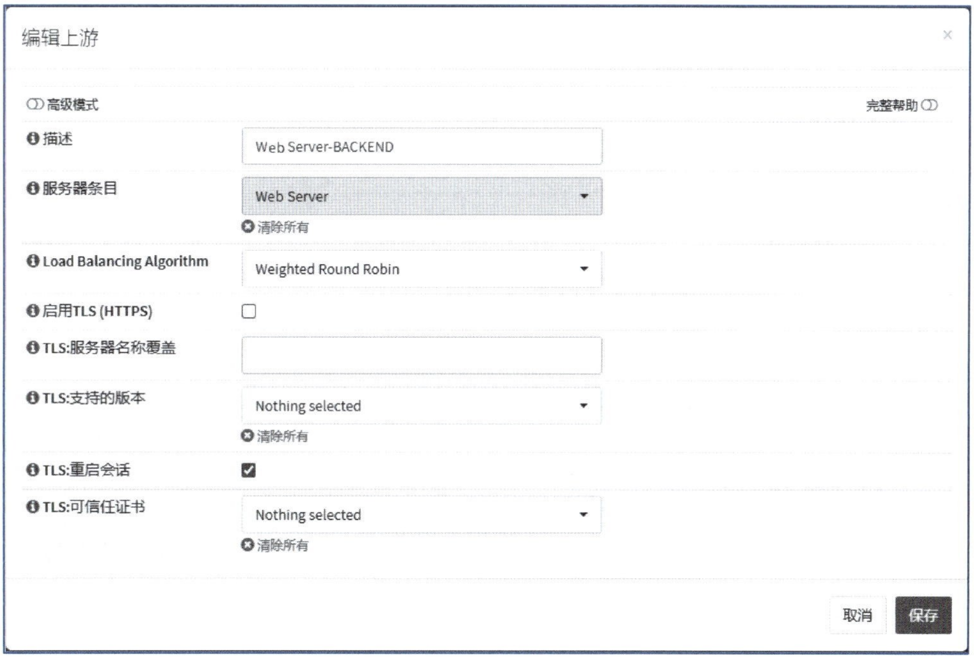

图 4-27

③ 在 WAF 管理面板中选择"服务"→"Nginx"→"配置"项，单击"HTTP（S）"选项卡，选择"本地"命令。在打开的对话框中设置站点描述为 Web Server，选择适当的网址格式，启用安全规则并绑定所有自定义安全策略，选择已配置的上游服务器，其他保持默认，如图 4-28 所示。

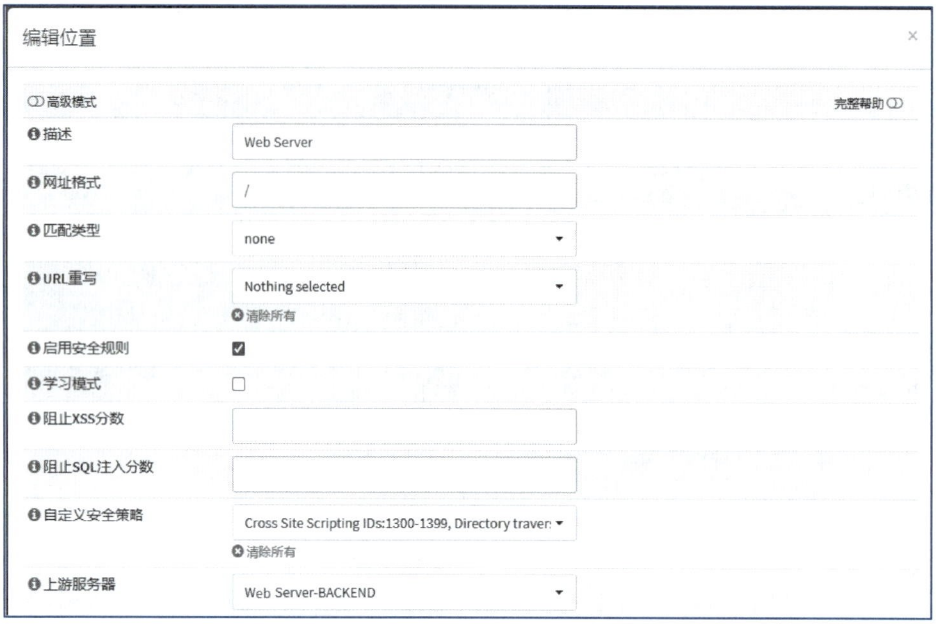

图 4-28

④ 在 WAF 管理面板中选择"服务"→"Nginx"→"配置"项，单击"访问"选项卡，选择"限制区域"命令并在打开的对话框中编辑，描述为 Web Server，其他默认，如图 4-29 所示。

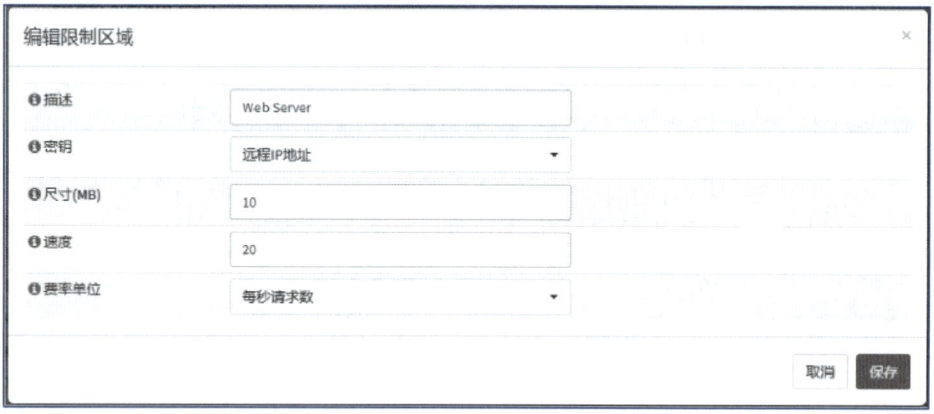

图 4-29

⑤ 在 WAF 管理面板中选择"服务"→"Nginx"→"配置"项，单击"访问"选项卡，选择"连接限制"命令并在打开的对话框中编辑，描述为 Web Server，限制区域选择 Web Server，连接数为 5，Burst 为 20，无延迟为 1，其他默认，如图 4-30 所示。

⑥ 在 WAF 管理面板中选择"服务"→"Nginx"→"配置"项，单击"HTTP（S）"选项卡，选择"HTTP 服务器"命令。输入服务器名称 Web，位置与限制请求选择 Web Server，其他保持默认，如图 4-31 和图 4-32 所示。

编辑请求连接限制

❶ 描述	Web Server
❶ 限制区域	Web Server ▾
❶ 连接数(仅限流)	5
❶ Burst (仅HTTP)	20
❶ 无延迟(仅限HTTP)	1

取消　保存

图 4-30

编辑HTTP服务器

□ 高级模式　　　　　　　　　　　　　　　　　　　　　　完整帮助 □

❶ HTTP监听端口	80
❶ HTTPS监听端口	443
❶ 服务器名称	Web ×
	❸ 清除所有
❶ 位置	Web Server ▾
	❸ 清除所有

图 4-31

❶ 限制请求	Web Server ▾
	❸ 清除所有

图 4-32

3）在 WAF 管理面板中选择"服务"→"Nginx"→"配置"项，单击"HTTP(S)"选项卡，选择"Naxsi WAF 规则"命令，在打开的"编辑 Naxsi 规则"对话框中找到 ID 号 1100，将此规则加入到白名单，如图 4-33 所示。

4）在 WAF 管理页面中，添加 Web 服务器的日志信息为通知，并将配置页面截图留存。

① 在 WAF 管理面板中选择"服务"→"Nginx"→"配置"项，单击"其他"选项卡，选择"SYSLOG Target"命令并在打开的对话框中编辑，如图 4-34 所示。

② 在 WAF 管理面板中选择"系统"→"设置"→"管理"项，修改 TCP 端口为 8443，禁用 Web GUI 重定向规则。

③ 配置完成后，在"常规设置"选项卡中选中"启用 nginx"复选框，再单击"应用"按钮启用 WAF。

图 4-33

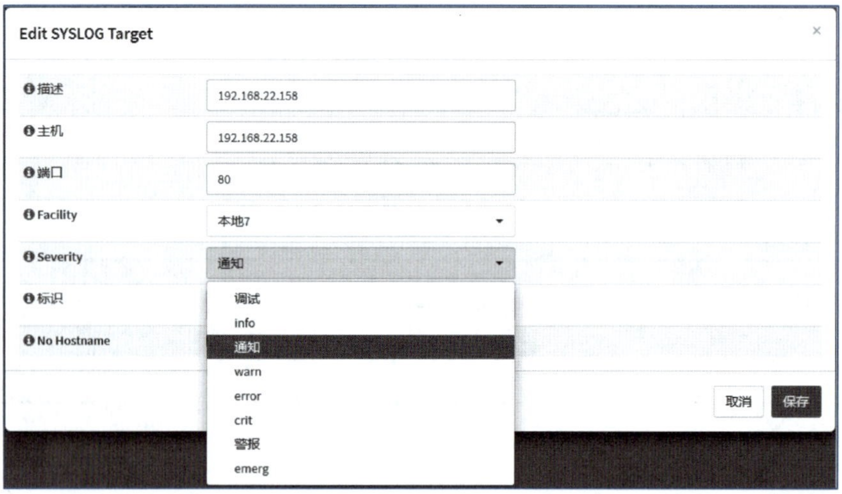

图 4-34

任务 4-4　动态监控 WAF 数据，设置合适的应用防护策略

任务描述

作为某公司的安全管理员，现在需要对部署在公司网络中的 Web 应用防火墙做有效配置，设置正确的部署方式与 WAF 策略。公司网络拓扑图如图 4-35 所示，具体任务如下：

1）在 WAF 管理面板中开启 WAF 功能。

2）配置保护站点，站点名称为内部服务器，IP 地址为 192.168.22.158，端口为 80，优先级为 10，最大连接数为 5 000，最大失败次数为 3 次，失败超时为 15 秒。

3）添加 IP 地址访问列表，描述为"IP 访问控制"，不允许销售部（172.16.1.100）访问 Web 服务器，允许技术部（172.16.1.200）访问服务器。

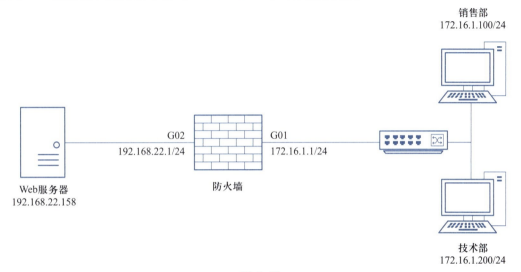

图 4-35

任务实施

微课 4-4
动态监控 WAF 数据，设置合适的应用防护策略

1. 场地设备要求

1）计算机一台。

2）Web 应用防火墙。

2. 工作任务

1）配置防火墙接口并在 WAF 管理面板中开启 WAF，并截图留存。操作同任务 4-1 步骤 1，此处不再赘述。

2）配置保护站点，站点名称为"内部服务器"，IP 地址为 192.168.22.158，端口为 80，优先级为 10，最大连接数为 5 000，最大失败次数为 3 次，失败超时为 15 秒，并截图留存。

①在 WAF 管理面板中选择"服务"→"Nginx"→"配置"项，单击"上游"选项卡，选择"上游服务器"命令，在打开的对话框中输入站点描述"内部服务器"并配置 IP 地址和端口，其他保持默认，如图 4-36 和图 4-37 所示。

②在 WAF 管理面板中选择"服务"→"Nginx"→"配置"项，单击"上游"选项卡，选择"上游服务器"命令，在打开的对话框中设置站点描述为"内部服务器-BACK-END"，服务器条目选择"内部服务器"，其他保持默认，如图 4-38 所示。

3）添加 IP 地址访问列表，描述为"IP 访问控制"，设置允许技术部（172.16.1.200）

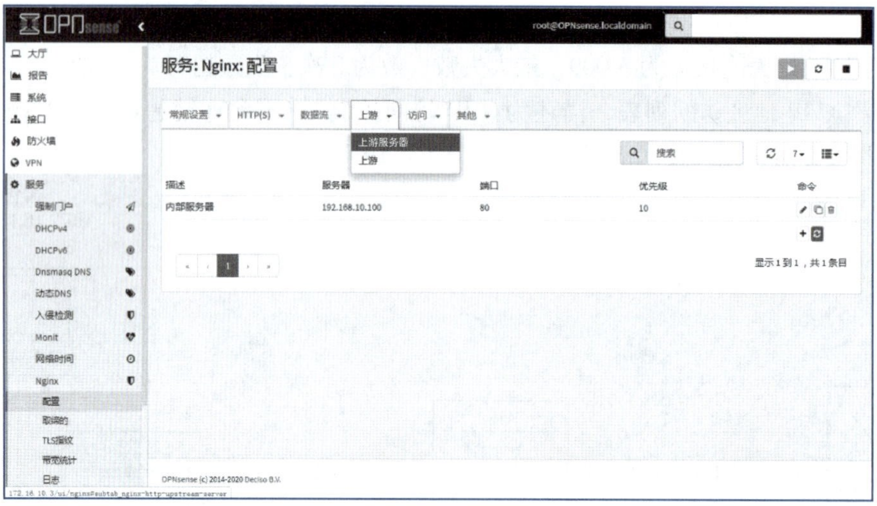

图 4-36

图 4-37

访问 Web 服务器，不允许销售部（172.16.1.100）访问。

　　① 单击"访问"选项卡，选择"IP 访问列表"命令，如图 4-39 所示。

　　② 在打开的对话框中单击右侧"+"按钮，设置 IP 地址访问列表描述为"IP 访问控制"，ACL 条目为拒绝（Deny）172.16.1.100、允许（Allow）172.16.1.200，其他保持默认设置，如图 4-40 所示，单击"保存"按钮。

　　③ 在 WAF 管理面板中选择"服务"→"Nginx"→"配置"项，单击"HTTP(S)"选项卡，选择"本地"命令。在打开的对话框中配置描述为"内部服务器"，网址格式为"/"，选中"启用安全规则"复选框，绑定所有自定义安全策略，上游服务器选择"内部服务器-BACKEND"，其他保持默认，如图 4-41 所示。

图 4-38

图 4-39

图 4-40

④ 在 WAF 管理面板中选择"服务"→"Nginx"→"配置"项，单击"HTTP(S)"选项卡，选择"HTTP 服务器"命令。在打开的对话框中配置服务器名称为 Server，位置选择"内部服务器"，IP 地址访问列表选择"IP 访问控制"，其他保持默认，如图 4-42 所示。

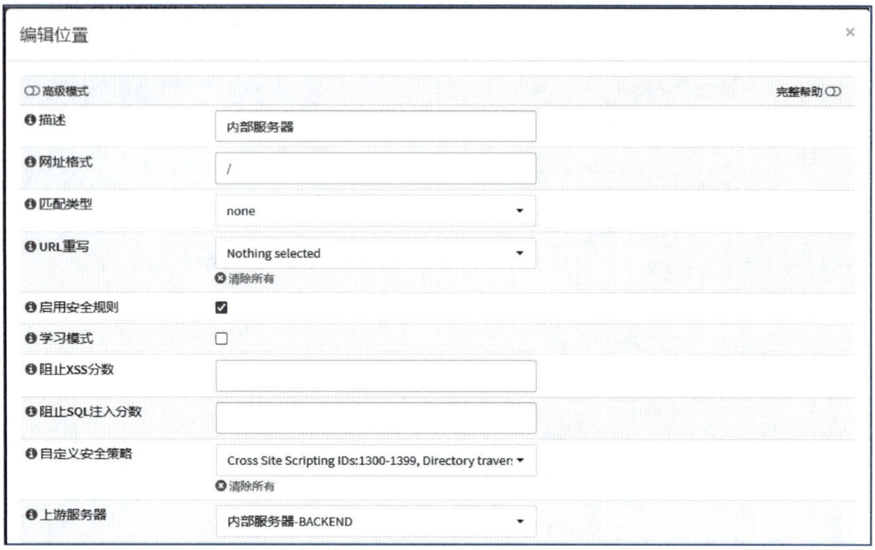

编辑位置

高级模式	完整帮助
描述	内部服务器
网址格式	/
匹配类型	none ▼
URL重写	Nothing selected ▼
	清除所有
启用安全规则	☑
学习模式	☐
阻止XSS分数	
阻止SQL注入分数	
自定义安全策略	Cross Site Scripting IDs:1300-1399, Directory traver ▼
	清除所有
上游服务器	内部服务器-BACKEND ▼

图 4-41

编辑HTTP服务器

高级模式	
HTTP监听端口	80
HTTPS监听端口	443
服务器名称	Server ×
	清除所有
位置	内部服务器 ▼
	清除所有
URL重写	Nothing selected ▼
	清除所有
文件系统根目录	
TLS证书	none ▼
Client CA Certificate	Nothing selected ▼
访问日志格式	默认 ▼
启用Let's Encrypt插件支持	☑
字符集	utf-8 ▼
仅HTTPS	☐
IP访问列表	IP访问控制 ▼
高级ACL身份验证后端	Local Database ▼
安全标头	none ▼
限制请求	Nothing selected ▼

图 4-42

⑤ 在 WAF 管理面板中选择"系统"→"设置"→"管理"项，修改 TCP 端口为 8443，禁用 Web GUI 重定向规则。

⑥ 配置完成后，在"常规设置"选项卡中选中"启用 nginx"复选框，再单击"应用"按钮启用 WAF。

项目实训

作为公司的安全管理员，现在需要对部署在公司网络中的 Web 应用防火墙做有效配置，设置正确的部署方式与 WAF 策略。拓扑图如图 4-43 所示。

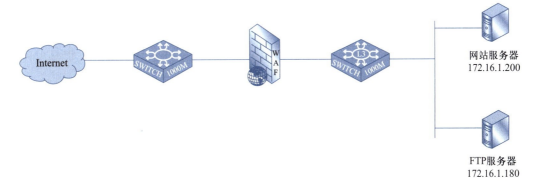

图 4-43

公司要求，为了不改变公司原有的网络拓扑结构，WAF 使用桥模式部署方式串接在链路中，对公司内部的 172.16.1.200 的网站服务进行站点保护，同时查看 WAF 策略、规则，根据需求更改策略和规则。具体要求如下：

1）配置 WAF 部署模式为桥模式。

2）配置服务期保护站点名称为"网站服务器"，优先级为 1，最大连接数为 20 000，失败次数为 10，超时为 15。

3）在 WAF 管理界面中找到预设 WAF 策略、WAF 规则，保存截图。

4）在预设 WAF 策略找到 1300~1399，修改此策略为记录。

5）在预设 WAF 规则找到对应 ID 为 1016 的规则，复制此规则，并将此规则 ID 更改为 1017，主要规则为"基本"。

项目总结

通过本项目的学习和实训，应该掌握 WAF 的基础配置，以及合适的 WAF 策略、WAF 规则的配置等知识和技能。

课后习题

一、选择题

1. WAF 可以和（　　）产品结合，进一步降低网站安全风险。

　　A. 网站安全监控系统　　　B. 防火墙　　　　　　C. IPS　　　　　　D. 以上都不是

2. WAF 的防 DDoS 功能，属于（　　）功能模块。

　　A. Web 安全　　　　　　　B. 业务连续　　　　　C. 系统加速　　　D. 数据分析

3. WAF 的嗅探部署模式是通过（　　）方式接入到网络中。

　　A. 串联　　　　　　　　　B. 旁路　　　　　　　C. 以上都可以　　D. 以上都不是

4. 网站安全监控系统对网页的木马检测采用静态匹配和（　　）方式提高监测准确度。

　　A. 云检测　　　　　　　　B. 规则库比对　　　　C. 特征库比对　　D. 沙箱

5. 网站安全监控系统的篡改监测功能采取（　　）直观展示系统被篡改前/后情况，便于管理员快速定位问题。

　　A. 短信告警　　　　　　　　　　　　　　　　B. 邮件告警

　　C. 可视化的系统展示　　　　　　　　　　　　D. syslog 告警

二、简答题

1. WAF 的应用场景（部署模式）有哪几种？

2. 简述防火墙、入侵防御、WAF 在网站防护方面的区别。

3. WAF 的优势有哪些，请具体说明。

学习情境

　　随着计算机的广泛应用和网络的不断普及，来自网络内部和外部的危胁及犯罪也日益增多。最开始，计算机病毒主要通过软盘传播；后来，随着网络的普及，用户打开带有病毒的电子信函附件就可能触发附件所带的病毒。以前，病毒的扩散比较慢，杀毒软件的开发商有足够的时间从容研究病毒，并开发出相应的防毒、杀毒软件。而今天，不仅病毒数量剧增、破坏性更强，而且通过网络快速传播，在短短的几小时内就能传遍全世界，有的病毒还会在传播过程中改变形态，使防毒软件失效。

学习目标

知识目标

1）了解入侵检测/防御系统的概念。

2）了解入侵检测/防御系统的功能及作用。

3）了解入侵检测/防御系统的策略。

4）了解入侵检测/防御系统的基础配置。

技能目标

1）学会入侵检测/防御系统的使用场景。

2）学会部署入侵检测/防御系统。

3）学会配置合适的入侵检测策略。

4）学会配置合适的入侵防御策略。

5）学会配置、管理入侵检测/防御系统日志报表。

相关知识

1. 入侵检测系统

入侵检测系统（Intrusion Detection Systems，IDS）的作用是依照一定的安全策略，对网络、系统的运行状况进行监视，尽可能发现各种攻击企图、攻击行为或者攻击结果，以保证网络系统资源的机密性、完整性和可用性。

可以做一个比喻——假如防火墙是一幢大厦的门锁，那么 IDS 就是这幢大厦里的监视系统。一旦小偷进入了大厦，或内部人员有越界行为，只有实时监视系统才能发现情况并发出警告。

与防火墙不同的是，IDS 是一个旁路监听设备，没有也不需要跨接在任何链路上，无须网络流量流经过便可以工作。因此，对 IDS 进行部署的唯一要求就是，IDS 应当挂接在所有所关注的流量都必须流经的链路上。在这里，"所关注流量"指的是来自高危网络区域的访问流量和需要进行统计、监视的网络报文。

IDS 在交换式网络中的位置一般选择为尽可能靠近攻击源和受保护资源，这些位置通常包括：

1）服务器区域的交换机上。

2）Internet 接入路由器之后的第一台交换机上。

3）重点保护网段的局域网交换机上。

2. 入侵防御系统

随着网络攻击技术的不断提高和网络安全漏洞的不断发现，传统防火墙技术加传统 IDS 技术已经无法应对一些安全威胁。在这种情况下，入侵防御系统（Intrusion Prevention System，IPS）应运而生。IPS 可以深度感知并检测流经的数据流量，对恶意报文进行丢弃以阻断攻击，对滥用报文进行限流以保护网络带宽资源。

对于部署在数据转发路径上的 IPS，可以根据预先设定的安全策略，对流经的每个报文进行深度检测（协议分析跟踪、特征匹配、流量统计分析、事件关联分析等），一旦发现隐藏于其中网络攻击，可以根据该攻击的威胁级别立即采取抵御措施。相关措施包括（按照处理力度）向管理中心告警、丢弃该报文、切断此次应用会话以及切断此次 TCP 连接等。

在进行了上述分析之后，可以得出以下结论：办公网络中，至少需要在以下区域部署 IPS，即办公网与外部网络的连接部位（入口/出口）、重要服务器集群前端、办公网内部接入层；至于其他区域，可以根据实际情况与重要程度酌情部署。

3. IPS 与 IDS 的区别及选择

对于初始者来说，IPS 是位于防火墙和网络设备之间的设备，这样如果检测到攻击，IPS 会在这种攻击扩散到网络的其他地方之前阻止该恶意通信；IDS 则只是存在于网络之外起到报警的作用，而不是在网络前面起到防御的作用。

IPS 检测攻击的方法也与 IDS 不同。一般来说，IPS 都依靠对数据包的检测，即 IPS 将检查入网的数据包，确定这种数据包的真正用途，然后决定是否允许这种数据包进入自己的网络。

目前，无论是从业于信息安全行业的专业人士还是普通用户，都认为 IDS 和 IPS 是两类产品，并不存在 IPS 要替代 IDS 的可能。但由于 IPS 的出现，给用户带来新的困惑：到底什么情况下该选择 IDS，什么时候该选择 IPS 呢？

从产品价值角度来讲：IDS 注重的是网络安全状况的监管，而 IPS 关注的是对入侵行为的控制。与防火墙类产品及 IDS 不同，IPS 可以实施深层防御安全策略，即可以在应用层检测出攻击并予以阻断，这是防火墙所做不到的，当然也是 IDS 所做不到的。

从产品应用角度来讲：为了达到可以全面检测网络安全状况的目的，IDS 需要部署在网络内部的中心点，需要能够观察到所有网络数据。如果信息系统中包含了多个逻辑隔离的子网，则需要在整个信息系统中实施分布部署，即每个子网部署一个入侵检测分析引擎，并统一进行引擎的策略管理以及事件分析，以达到掌控整个信息系统安全状况的目的。

而为了实现对外部攻击的防御，IPS 需要部署在网络的边界。这样所有来自外部的数据必须串行通过 IPS，即可实时分析网络数据，发现攻击行为立即予以阻断，保证来自外部的攻击数据不能通过边界进入网络。

IDS 的核心价值在于通过对全网信息的分析，了解信息系统的安全状况，进而指导信息系统安全建设目标以及安全策略的确立和调整；而 IPS 的核心价值在于安全策略的实施——对黑客行为的阻击。IDS 需要部署在网络内部，监控范围可以覆盖整个子网，包括来自外部的数据以及内部终端之间传输的数据；IPS 则必须部署在网络边界，抵御来自外部的入侵，对内部攻击行为无能为力。

明确了这些区别，用户就可以比较理性地进行产品类型选择：

1）若用户计划在一次项目中实施较为完整的安全解决方案，则应同时选择和部署 IDS 和 IPS 两类产品。在全网部署 IDS，在网络的边界点部署 IPS。

2）若用户计划分步实施安全解决方案，可以考虑先部署 IDS 进行网络安全状况监控，后期再部署 IPS。

3）若用户仅仅关注网络安全状况的监控（如金融监管部门、电信监管部门等），则可在目标信息系统中部署 IDS 即可。

明确了 IPS 的主线功能是深层防御、精确阻断后，IPS 未来发展趋势也就明朗化了，即不断丰富和完善 IPS 以精确阻断攻击种类和类型，并在此基础之上提升 IPS 产品的设备处理性能。

而在提升性能方面存在的一个悖论就是：提升性能，除了在软件处理方式上优化外，硬件架构的设计也是一个非常重要的方面，但目前的 ASIC/NP 等高性能硬件，都是采用嵌入式指令+专用语言开发，将已知攻击行为的特征固化在电子固件上，虽然能提升匹配的效率，在攻击识别的灵活度上却过于死板（对变种较难发现），在新攻击特征的更新上有所滞后（需要进行特征的编码化）；而基于开放硬件平台的 IPS 由于采用的是高级编程语言，不存在变种攻击识别和特征更新方面的问题，厂商的最新产品已经可以达到电信级骨干网络的流量要求，如 McAfee 公司推出的电信级 IPS 产品 M8000（10 Gbit/s）及 M6050（5 Gbit/s）。

所以，入侵防御系统的未来发展方向应该有以下两个方面。

1）更加广泛的精确阻断范围：扩大可以精确阻断的事件类型，尤其是针对变种以及无法通过特征来定义的攻击行为的防御。

2）适应各种组网模式：在确保精确阻断的情况下，适应电信级骨干网络的防御需求。

任务 5-1   部署 IDS 和 IPS

任务描述

目前全球范围内的网络攻击行为越来越多。某企业有一台服务器通过 Internet 提供网络服务，为了提升安全性，需要配置入侵防御来保护内网服务器服务器。企业网络拓扑图如图 5-1 所示。

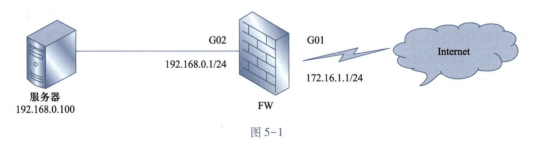

图 5-1

为了能够有效地防范网络入侵行为，现要求网络部门立即在网络关键位置部署 IDS，采用串联路由模式，用于针对关键应用服务进行检测。详细要求如下：

1）为防火墙进行端口分配，外网端口（172.16.1.1/24）描述为 G01、内网端口

（192.168.0.1/24）描述为 G02，用于连接服务器区域，确保服务器区域与防火墙的连通性。

2）为防火墙添加基本方向策略，G01 接口与 G02 接口均放行所有流量。

任务实施

微课 5-1
部署 IDS 和
IPS

1. 场地设备要求

1）计算机一台。

2）网络设备模拟软件。

2. 工作任务

1）为防火墙进行端口分配。添加外网端口描述为 G01，静态 IPv4 地址为 172.16.1.1；添加内网端口描述为 G02，静态 IPv4 地址为 192.168.0.1，用于连接服务器区域，确保服务器区域与防火墙的连通性。

① 在 WAF 管理面板中选择"接口"→"分配"项，单击"添加接口"右侧的"+"按钮，添加外网端口 G01 与内网端口 G02，如图 5-2 所示。

图 5-2

② 选择"接口"→"G02"项，选中"启用接口"复选框，并为接口配置固定 IP 地址 192.168.0.1/24，完成后单击"保存"按钮并应用；选择"接口"→"G01"项，选中"启用接口"复选框，并为接口配置固定 IP 地址 172.16.1.1/24，完成后单击"保存"按钮并应用，如图 5-3 和图 5-4 所示。

2）为防火墙添加基本方向策略，G01 接口与 G02 接口均放行所有流量。

① 在 WAF 控制面板中选择"防火墙"→"规则"→"G01"项，单击"添加"按钮，放行所有 IPv4 流量，完成后单击"保存"按钮并应用，如图 5-5 和图 5-6 所示。

② 选择"防火墙"→"规则"→"G02"项，单击"添加"按钮，放行所有 IPv4 流量，完成后单击"保存"按钮并应用，如图 5-7 和图 5-8 所示。

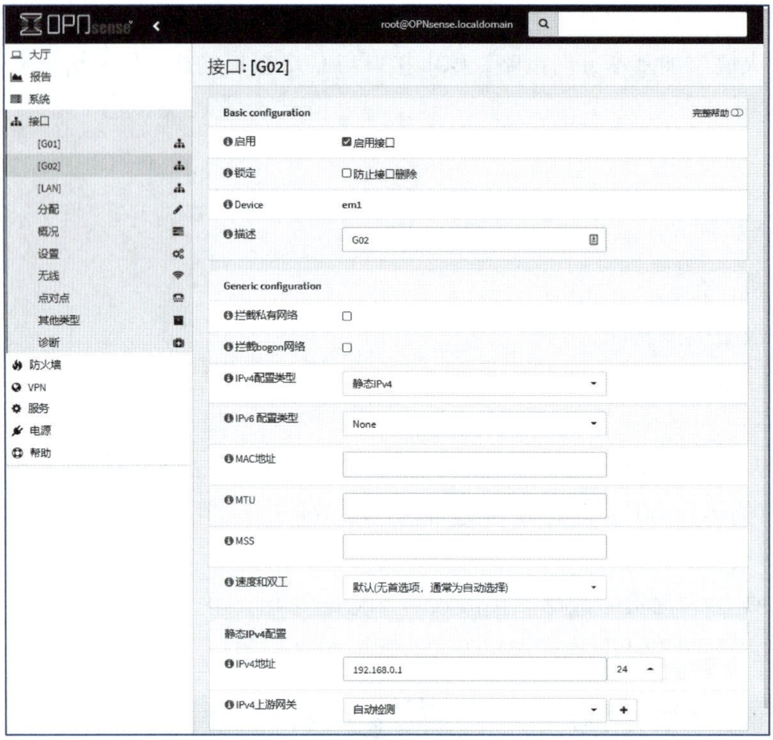

root@OPNsense.localdomain
大厅
报告
系统
接口
[G01]
[G02]
[LAN]
分配
概况
设置
无线
点对点
其他类型
诊断
防火墙
VPN
服务
电源
帮助
接口: [G02]
Basic configuration
完整帮助
启用
启用接口
锁定
防止接口删除
Device
em1
描述
G02
Generic configuration
拦截私有网络
拦截bogon网络
IPv4配置类型
静态IPv4
IPv6 配置类型
None
MAC地址
MTU
MSS
速度和双工
默认(无首选项，通常为自动选择)
静态IPv4配置
IPv4地址
192.168.0.1
24
IPv4上游网关
自动检测

图 5-3

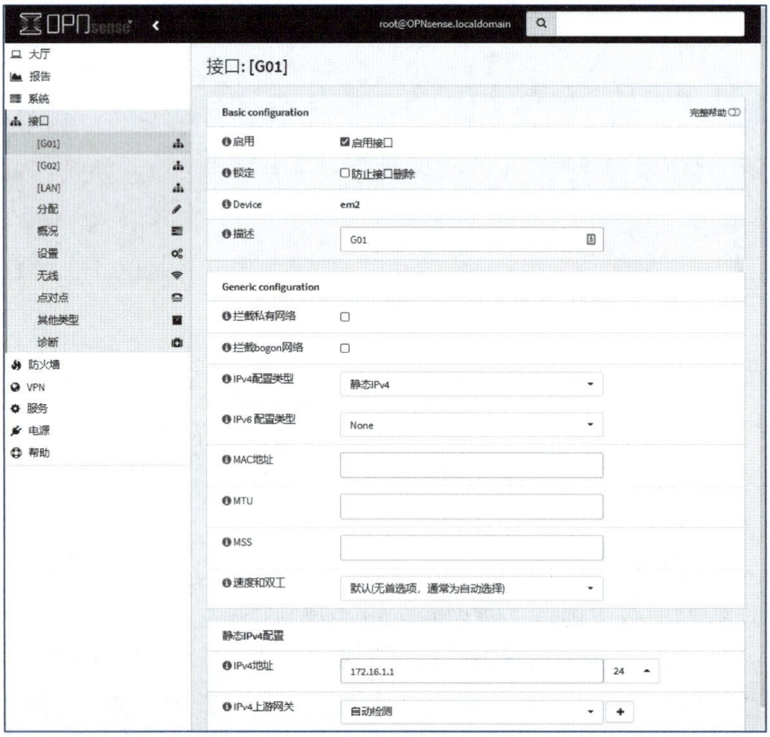

root@OPNsense.localdomain
大厅
报告
系统
接口
[G01]
[G02]
[LAN]
分配
概况
设置
无线
点对点
其他类型
诊断
防火墙
VPN
服务
电源
帮助
接口: [G01]
Basic configuration
完整帮助
启用
启用接口
锁定
防止接口删除
Device
em2
描述
G01
Generic configuration
拦截私有网络
拦截bogon网络
IPv4配置类型
静态IPv4
IPv6 配置类型
None
MAC地址
MTU
MSS
速度和双工
默认(无首选项，通常为自动选择)
静态IPv4配置
IPv4地址
172.16.1.1
24
IPv4上游网关
自动检测

图 5-4

图 5-5

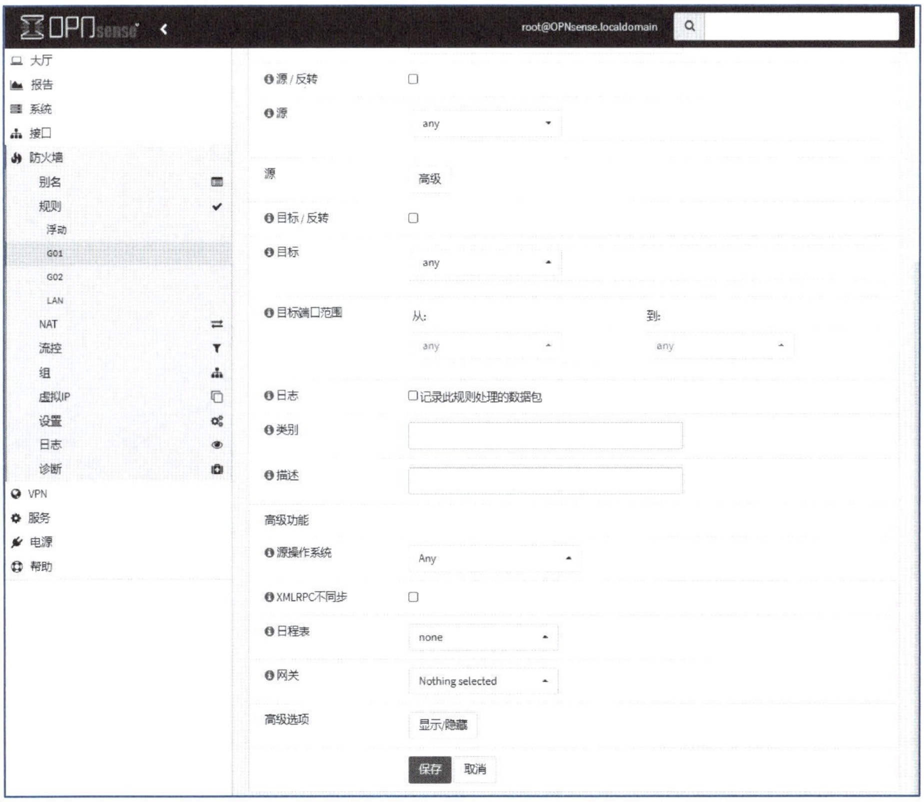

图 5-6

图 5-7

图 5-8

任务 5-2 配置合适的入侵检测策略

任务描述

在完成部署 IDS 后，公司要求对内部重要业务进行检测。详细要求如下：

1）激活防火墙入侵检测服务功能。

2）添加入侵检测策略，在访问 FTP 服务器的流量上进行入侵检测。

任务实施

微课 5-2
配置合适的入
侵检测策略

1. 场地设备要求

1）计算机一台。

2）网络设备模拟软件。

2. 工作任务

1）激活防火墙入侵监测服务功能。

① 在 WAF 控制面板中选择"服务"→"入侵检测"→"管理"项，在"设置"选项卡中分别选中"启用""IPS 模式""混杂模式"和"启用 syslog 警报"复选框，如图 5-9 所示。

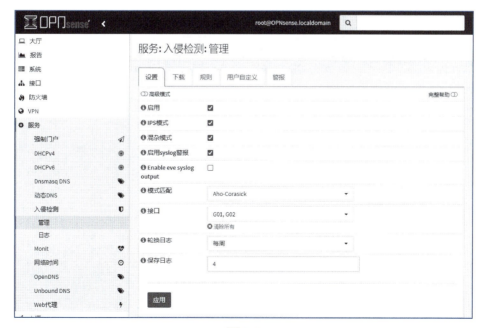

图 5-9

② 单击"接口"右侧的下拉按钮，在弹出的下拉列表中选择"G01"和"G02"，以绑定 G01 和 G02 接口，最后单击"应用"按钮，如图 5-10 所示。

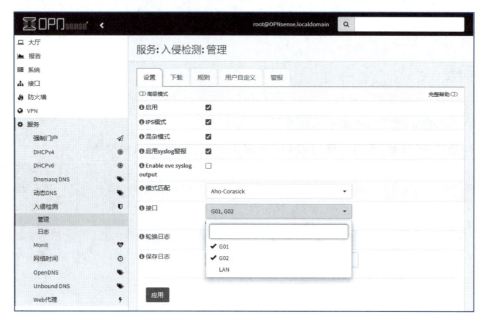

图 5-10

2）添加入侵检测策略，在访问 FTP 服务器的流量上进行入侵防御。

① 选择"服务"→"入侵检测"→"管理"项，选择"用户自定义"选项卡，如图 5-11 所示。

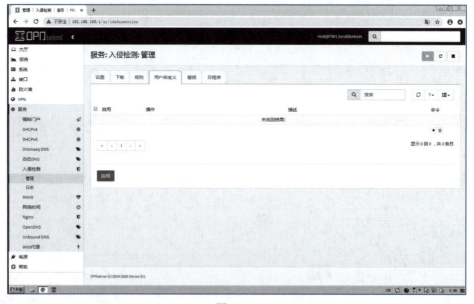

图 5-11

② 单击列表右侧的"+"按钮添加策略，源 IP 地址留空，目标 IP 地址为 192.168.0.100（FTP 服务器地址），操作类型为"丢弃"，描述为"ips-ftp"，完成后单击"保存"按钮，再单击"应用"按钮，如图 5-12 和图 5-13 所示。

图 5-12

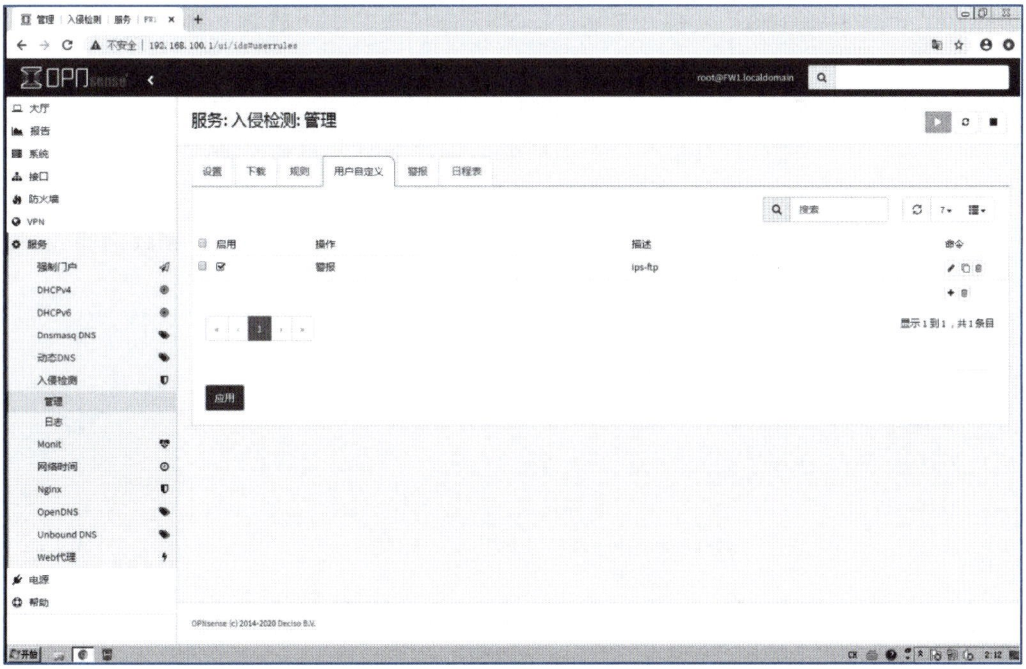

图 5-13

任务 5-3　配置合适的入侵防御策略

任务描述

由于目前很多入侵行为都发生在网络资源访问的过程中，现在公司要求对相关目标站点部署有针对性的入侵防御措施。具体要求如下：

1）添加入侵防御策略。

2）采用 SSL 证书指纹识别对访问目标网站的行为进行记录。

任务实施

微课 5-3
配置合适的入
侵防御策略

1. 场地设备要求

1）计算机一台。

2）网络设备模拟软件。

2. 工作任务

1）在 WAF 控制面板中选择"服务"→"入侵检测"→"管理"项，选择"用户自定义"选项卡。

2）单击列表右侧"+"按钮，添加采用 SSL 证书指纹识别对访问目标网站的行为进行记录。在打开的"规则详细信息"对话框中，源 IP 地址和目标 IP 地址均留空，SSL/指纹样式为"A0:4E:AF:B3:48:C2:6B:15:A8:C1:AA:87:A3:33:CA:A3:CD:EE:C9:C9"，请自行获取 SSL/指纹，操作为"警报"，描述中填写"IPS-WEBSS"，完成后单击"保存"按钮，再单击"应用"按钮，如图 5-14 和图 5-15 所示。

图 5-14

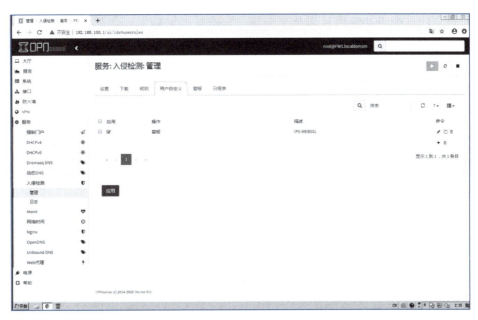

图 5-15

任务 5-4　配置、管理 IDS/IPS 日志报表

任务描述

公司要求网络部门在入侵检测系统上开启日志记录，记录公司网络中非法入侵行为。具体要求如下：

1) 为防火墙 IPS 模块启用日志功能。
2) 设置防火墙 IPS 模块日志基本参数。
3) 导出当前 IPS 模块操作日志信息到桌面。

微课 5-4
配置、管理
IDS/IPS 日志
报表

任务实施

1. 场地设备要求

1) 计算机一台。
2) 网络设备模拟软件。

2. 工作任务

1) 为防火墙 IPS 模块启用日志功能。在 WAF 控制面板中选择"服务"→"入侵检测"→"管理"项，在"设置"选项卡中选中"启用 syslog 警报"复选框。

2）设置防火墙 IPS 模块日志基本参数，轮换日志策略为"每周"，保存日志为 32，如图 5-16 所示。

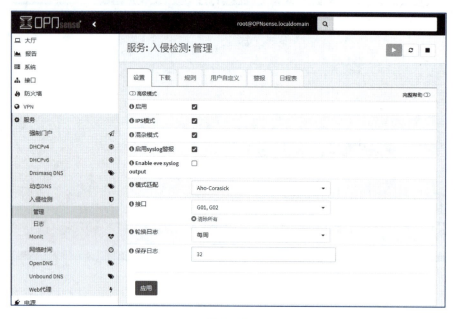

图 5-16

3）导出当前 IPS 模块操作日志信息到桌面。选择"服务"→"入侵检测"→"日志"项，在日志表单的最下方单击"download selection"（下载）按钮，将日志下载到本地计算机上，如图 5-17 和图 5-18 所示。

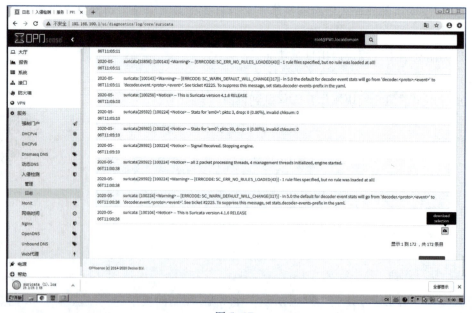

图 5-17

图 5-18

项目实训

某公司有很多业务都发布在互联网上，为了能够有效地防范网络入侵行为，要求网络部门立即在网络关键位置部署入侵检测系统，用于针对关键应用服务进行检测。另外，由于很多入侵行为都发生在网络资源访问的过程中，现在要求对相关目标站点部署有针对性的入侵防御措施。公司网络拓扑结构如图 5-19 所示。

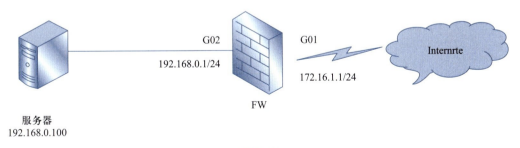

图 5-19

详细要求如下：

1）为防火墙进行端口分配，添加外网端口描述为 G01，内网端口描述为 G02，用于连接服务器区域，确保服务器区域与防火墙的连通性。

2）为防火墙添加基本方向策略，G01 接口与 G02 接口均方向所有流量。

3）激活防火墙入侵防御服务功能。

4）添加入侵检测策略，采用 SSL 证书指纹识别对访问目标网站的行为进行记录。

项目总结

通过本项目的学习和实训，应该掌握 IPS、IDS 的基础配置，配置合适的策略，以及配置和管理日志等知识和技能。

课后习题

一、选择题

1. 黑客利用 IP 地址进行攻击的方法有（   ）。

    A. IP 欺骗　　　　B. 解密　　　　C. 窃取口令　　　D. 发送病毒

2. 在 CIDF 中，IDS 各组件间通过（   ）来进行入侵检测和警告等信息内容的通信。

    A. IDF　　　　　B. SID　　　　　C. CISL　　　　D. Matchmaker

3. 在入侵分析的模型中，第一阶段的任务是（   ）。

    A. 构造分析引擎　B. 进行数据分析　C. 反馈　　　　　D. 提炼

4. 异常入侵检测的过程不包括（   ）。

    A. 信息收集　　　B. 信息分析　　　C. 信息融合　　　D. 告警与响应

5. IP 欺骗的实质是（   ）。

    A. IP 地址的隐藏　　　　　　　　B. 信任关系的破坏

    C. TCP 序列号的重置　　　　　　D. IP 地址的验证

二、简答题

1. 什么是入侵检测系统和入侵防御？

2. 常见的 DDoS 攻击有哪几种？

学习情境

在传统的企业网络配置中，要进行远程访问，常用方法是租用 DDN（Digital Data Net-work，数字数据网）专线或帧中继，这样的通信方案必然导致高昂的网络通信和维护费用。对于移动用户（移动办公人员）与远端个人用户而言，一般会通过拨号线路（Internet）进入企业的局域网，但这样必然带来安全上的隐患。

让外地员工访问到内网资源，利用 VPN（Virtual Private Network，虚拟专用网络）的解决方法就是在内网中架设一台 VPN 服务器。外地员工在当地连上互联网后，通过互联网连接 VPN 服务器，然后通过 VPN 服务器进入企业内网。为了保证数据安全，VPN 服务器和客户机之间的通信数据都进行了加密处理。有了数据加密，就可以认为数据是在一条专用的数据链路上进行安全传输，就如同专门架设了一个专用网络一样，但实际上 VPN 使用的是互联网上的公用链路，因此其实质上就是利用加密技术在公网上封装出一个数据通信隧道。有了 VPN 技术，用户无论是在外地出差还是在家中办公，只要能连接互联网就能利用 VPN 访问内网资源，这就是 VPN 在企业中应用得如此广泛的原因。

学习目标

知识目标

1）了解 VPN 的概念。

2）了解 VPN 的功能及作用。

3）了解 VPN 的策略配置。

技能目标

1）学会部署 VPN。

2）学会配置合适的 VPN 策略。

3）学会配置无线设备的安全防护功能。

4）学会配置、优化无线设备的安全扩展功能。

相关知识

1. VPN 概述

通常情况下，VPN 网关采取双网卡结构，外网卡使用公网 IP 地址接入 Internet。

例如，网络 1（假定为 Internet）的终端 A 访问网络 2（假定为公司内网）的终端 B，其发出的访问数据包的目标地址为终端 B 的内部 IP 地址。

网络 1 的 VPN 网关在接收到终端 A 发出的访问数据包时对其目标地址进行检查，如果目标地址属于网络 2 的地址，则将该数据包进行封装，封装的方式根据所采用的 VPN 技术不同而不同；同时 VPN 网关会构造 1 个新 VPN 数据包，并将封装后的原数据包作为 VPN 数据包的负载，VPN 数据包的目标地址为网络 2 的 VPN 网关的外部地址。

网络 1 的 VPN 网关将 VPN 数据包发送到 Internet，由于 VPN 数据包的目标地址是网络 2 的 VPN 网关的外部地址，所以该数据包将被 Internet 中的路由正确地发送到网络 2 的 VPN 网关。

网络 2 的 VPN 网关对接收到的数据包进行检查，如果发现该数据包是从网络 1 的 VPN 网关发出的，即可判定该数据包为 VPN 数据包，并对该数据包进行解包处理。解包的过程主要是先将 VPN 数据包的包头剥离，再将数据包反向处理还原成原始的数据包。

网络 2 的 VPN 网关将还原后的原始数据包发送至目标终端 B，由于原始数据包的目标地址是终端 B 的 IP 地址，所以该数据包能够被正确地发送到终端 B。在终端 B 看来，它收到的数据包就和从终端 A 直接发过来的一样。

从终端 B 返回终端 A 的数据包处理过程和上述过程一样，这样两个网络内的终端就可以相互通信了。

通过上述说明可以发现，在 VPN 网关对数据包进行处理时，有两个参数对于 VPN 通信十分重要：原始数据包的目标地址（VPN 目标地址）和远程 VPN 网关地址。根据 VPN 目标地址，VPN 网关能够判断对哪些数据包进行 VPN 处理，对于不需要处理的数据包通常情况下可直接转发到上级路由；远程 VPN 网关地址则指定了处理后的 VPN 数据包发送的目标地址，即 VPN 隧道的另一端 VPN 网关地址。由于网络通信是双向的，在进行 VPN 通信时，隧道两端的 VPN 网关都必须知道 VPN 目标地址和与此对应的远端 VPN 网关地址。

（1）VPN 的工作过程

VPN 的基本工作过程如下：

1）要保护主机发送明文信息到其他 VPN 设备。

2）VPN 设备根据网络管理员设置的规则，确定是对数据进行加密还是直接传输。

3）对需要加密的数据，VPN 设备将其整个数据包（包括要传输的数据、源 IP 地址和目的 IP 地址）进行加密并附上数据签名，加上新的数据报头（包括目的地 VPN 设备需要的安全信息和一些初始化参数）重新封装。

4）将封装后的数据包通过隧道在公共网络上传输。

5）数据包到达目的 VPN 设备后，将其解封，核对数字签名无误后，对数据包解密。

（2）VPN 的分类标准

根据不同的划分标准，VPN 可以按以下几个标准进行分类划分：

1）按 VPN 的协议分类。VPN 的隧道协议主要有 PPTP、L2TP 和 IPSec 这 3 种，其中 PPTP 和 L2TP 工作在 OSI 参考模型的第二层，又称为二层隧道协议；IPSec 是第三层隧道协议。

2）按 VPN 的应用分类。

① Access VPN（远程接入 VPN）：客户端到网关，使用公网作为骨干网在设备之间传输 VPN 数据流量。

② Intranet VPN（内联网 VPN）：网关到网关，通过公司的网络架构连接来自同公司的资源。

③ Extranet VPN（外联网 VPN）：与合作伙伴企业网构成 Extranet，将一个公司与另一个公司的资源进行连接。

3）按所用的设备类型进行分类。网络设备提供商针对不同客户的需求，开发出不同的 VPN 网络设备，主要为交换机、路由器和防火墙。

① 路由器式 VPN：路由器式 VPN 部署较容易，只要在路由器上添加 VPN 服务即可。

② 交换机式 VPN：主要应用于连接用户较少的 VPN 网络。

4）按照实现原理划分。

① 重叠 VPN：此 VPN 需要用户自己建立端节点之间的 VPN 链路，主要包括 GRE、L2TP 和 IPSec 等众多技术。

② 对等 VPN：由网络运营商在主干网上完成 VPN 通道的建立，主要包括 MPLS 和 VPN 技术。

（3）VPN 的实现方式

VPN 的实现有很多种方法，常用的有以下 4 种。

1）VPN 服务器：在大型局域网中，可以通过在网络中心搭建 VPN 服务器的方法实现 VPN。

2）软件 VPN：可以通过专用的软件实现 VPN。

3）硬件 VPN：可以通过专用的硬件实现 VPN。

4）集成 VPN：某些硬件设备，如路由器、防火墙等，都含有 VPN 功能，但是一般拥有 VPN 功能的硬件设备通常都比没有这一功能的要贵。

（4）VPN 的特点

1）VPN 具备以下优点：

① VPN 能够让移动员工、远程员工、商务合作伙伴和其他人利用本地可用的高速宽带网连接（如 DSL、有线电视或者 Wi-Fi 网络）连接到企业网络。此外，高速宽带网连接提供一种成本效率高的连接远程办公室的方法。

② 设计良好的宽带 VPN 是模块化的和可升级的。VPN 能够让应用者使用一种很容易设置的互联网基础设施，将新用户迅速地添加到这个网络中。这种能力意味着企业不用增加额外的基础设施，就可以提供大量的容量和应用。

③ VPN 能提供高水平的安全性能，使用高级的加密和身份识别协议保护数据避免受到窥探，阻止数据窃贼和其他非授权用户接触这种数据。

④ 完全控制。VPN 使用户可以利用 ISP 的设施和服务，同时又完全掌握着自己网络的控制权。用户只利用 ISP 提供的网络资源，对于其他的安全设置、网络管理变化可由自己管理。此外，在企业内部也可以自己建立 VPN。

2）VPN 的缺点如下：

① 企业不能直接控制基于互联网的 VPN 的可靠性和性能。机构必须依靠提供 VPN 的互联网服务提供商保证服务的运行，这一因素使企业与互联网服务提供商签署一个服务级协议非常重要，即要签署一个保证各种性能指标的协议。

② 企业创建和部署 VPN 线路并不容易。这种技术需要高水平地理解网络和安全问题，需要认真地规划和配置。因此，一般情况下建议选择互联网服务提供商来负责运行 VPN。

③ 不同厂商的 VPN 产品和解决方案总是不兼容的，因为许多厂商不愿意或者不能遵守 VPN 技术标准。因此，混合使用不同厂商的产品可能会出现技术问题。另一方面，使用同一家供应商的设备可能会提高成本。

④ 当使用无线设备时，VPN 有安全风险。当用户在接入点之间漫游的时候，任何使用高级加密技术的解决方案都可能被攻破。

（5）SSL VPN

SSL VPN 是以标准浏览器都支持的 SSL 协议为基础，并对其应用功能进行扩展的新型 VPN。

SSL 是一个安全协议，为基于 TCP 的应用层协议（如 HTTP、FTP 等）提供安全连接。SSL 协议广泛应用于电子商务、网上银行等领域，为网络上数据的传输提供安全性保证。

如图 6-1 所示，SSL VPN 可以保证企业的出差员工、家庭办公员工等远程用户安全、高效地访问企业内部网络资源。

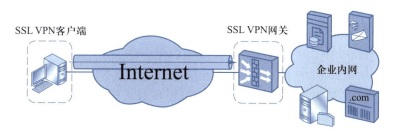

SSL VPN客户端　　　　　　　　SSL VPN网关

Internet　　　　　企业内网

.com

图 6-1

其中 SSL VPN 网关是 NGFW 上提供 SSL VPN 功能的模块，SSL VPN 客户端是指 SSL VPN 用户使用的计算机或智能手机。客户端与 NGFW（SSL VPN 网关）间传输的数据都通过 SSL 协议加密。

SSL VPN 为远程用户提供多种访问内网资源的方式，即 SSL VPN 业务，见表 6-1。

表 6-1

业　　务	定　　义
Web 代理	Web 代理是指 NGFW 作为代理接收并转发来自远程用户的 Web 访问请求，使远程用户能够安全地通过 Web 方式访问企业内网的服务器
文件共享	文件共享的主要功能是将不同的文件服务器（如支持 SMB 协议的 Windows 系统、支持 NFS 协议的 Linux 系统）的共享资源以网页的形式提供给用户访问
	用户直接通过浏览器就能在内网文件系统上创建和浏览目录，对文件进行下载、上传、改名、删除等操作，就像对本机文件系统进行操作一样方便
端口转发	端口转发可以使远程用户通过某个端口访问内网服务器，适用于 TCP 应用服务，如 Telnet、远程桌面、FTP、Email 等。端口转发提供了一种端口级的安全访问内网资源的方式
网络扩展	网络扩展功能通过在客户端安装虚拟网卡，从 SSL VPN 网关获取虚拟 IP 地址，实现了对所有基于 IP 的内网业务的全面访问。用户远程访问内网资源就像访问本地局域网一样方便，适用于各种复杂的业务功能

2. 无线技术

（1）相关概念

1）无线控制器（Access Controller，AC）：在集中式网络架构中，AC 对无线局域网中的所有接入点（AP）进行控制和管理。例如，AC 可以通过与认证服务器交互信息来为 WLAN 用户提供认证服务。

2）接入点（Access Point，AP）：为 STA 提供基于 802.11 标准的无线接入服务，起到有线网络和无线网络的桥接作用。

3）瘦接入点（FIT Access Point，FIT AP）：在集中式网络架构的瘦接入点架构中提供 STA 的无线接入服务，区别于传统的 FAT AP，只提供可靠、高性能的无线连接功能，其他的增强功能统一在 AC 上集中配置。

4）中心接入点（Central Access Point）：在集中式网络架构的敏捷分布 Wi-Fi 方案架构中，中心接入点代理 AC 分担对 RU 的集中管理和协同功能，如 STA 上线、配置下发、远端单元（RU）之间的 STA 漫游。

5）远端单元（Remote Unit，RU）：在集中式网络架构的敏捷分布 Wi-Fi 方案架构中，远端单元作为中心 AP 的远端射频模块，负责空口 802.11 报文的收发。

6）无线接入点控制与规范（Control and Provisioning of Wireless Access Points，CAP-WAP）：实现 AP 和 AC 之间的互通的一个通用封装和传输机制。

7）射频信号：提供基于 802.11 标准的 WLAN 技术的传输介质，是具有远距离传输能力的高频电磁波。本书中所说的射频信号是 2.4 GHz 或 5 GHz 频段的电磁波。

8）虚拟接入点（Virtual Access Point，VAP）：AP 设备上虚拟出来的业务功能实体。用户可以在一个 AP 上创建不同的 VAP 来为不同的用户群体提供无线接入服务。

9）服务集标识符（Service Set Identifier，SSID）：表示无线网络的标识，用来区分不同的无线网络。例如，当在便携式计算机上搜索可接入无线网络时，显示出来的网络名称就是 SSID。

（2）非法设备检测技术

为了防止非法设备的入侵，可以在需要保护的网络空间中部署监测 AP，通过无线入侵检测系统（Wireless Intrusion Detection System，WIDS），监测 AP 可以定期对无线信号进行探测。这样，AC 就可以了解到无线网络中设备的情况，进而对非法设备采取相应的防范措施。

配置非法设备检测功能之前，需要先设置 AP 的工作模式，一般有以下两种：

① 正常模式（Normal）。如果射频未开启空口扫描相关功能，如 WIDS、频谱分析和终端定位，该射频仅用于传输普通的 WLAN 业务数据。如果射频开启了空口扫描相关功能（如 WIDS、频谱分析和终端定位），则该射频除了传输普通的 WLAN 业务数据，还具备了监控功能。射频扫描周期内 WLAN 业务的时延可能出现瞬时的增加，一般并不影响正常上网，但如果有低时延要求的业务如视频会议，则建议使用单独的射频用于空口扫描。

② 监控模式（Monitor）。该模式下射频不能用于传输普通的 WLAN 业务数据，只能用于依赖空口扫描的 WLAN 业务。

非法设备检测可以分为无线设备检测和设备非法性判断两个阶段。

1）无线设备检测：开启了 WIDS 功能的 AP 根据侦听到的 802.11 帧，可以判断出周围无线设备的类型。具体流程如下：

① 配置 AP 的工作模式并开启 WIDS 功能。

② AC 将配置下发给 AP。

③ AP 开始扫描信道监测周边的无线设备信息，通过侦听周围设备发送的帧来搜集周边的无线设备信息，然后根据搜集到的 802.11 MAC 帧判断帧类型和设备类型。802.11 MAC 帧格式的详细内容请参见 802.11 协议标准。

目前可以识别出的设备类型有 AP、STA、无线网桥和 Ad-hoc 设备。

- 无线网桥：能够提供 WDS（Wireless Distribution System）业务的 AP，详细内容请参见 WLAN WDS。
- Ad-hoc 设备：几台带有无线网卡的设备组成的临时无线网络，也称 Ad-hoc 网络。

AP 识别设备类型的方法如下。

① 针对 Probe Request、Association Request 和 Reassociation Request 帧：根据网络类型（802.11 MAC 帧的 Frame Body 字段会携带此信息）来判断是 Ad-hoc 或 STA。

- Ad-hoc 设备：网络类型为独立型网络。
- STA：网络类型为基础型网络。

② 针对 Beacon、Probe Response、Association Response 和 Reassociation Response 帧：根据网络类型（802.11 MAC 帧的 Frame Body 字段会携带此信息）来判断是 Ad-hoc 或 AP。

- Ad-hoc 设备：网络类型为独立型网络。
- AP：网络类型为基础型网络。

③ 针对数据报文：监测所有 802.11 报文，根据数据报文的 DS 域来判断是 Ad-hoc、无线网桥、STA 或 AP。

- Ad-hoc 设备：802.11 MAC 帧的 Frame Control 字段中的 To DS 为 0，From DS 也为 0。
- 无线网桥：802.11 MAC 帧的 Frame Control 字段中的 To DS 为 1，From DS 也为 1。
- STA：802.11 MAC 帧的 Frame Control 字段中的 To DS 为 1，From DS 为 0。
- AP：802.11 MAC 帧的 Frame Control 字段中的 To DS 为 0，From DS 为 1。

2）设备非法性判断：AP 将收集到的设备信息定期上报 AC，AC 通过监测结果判断非法设备。

- 干扰 AP：和监测 AP 的工作信道相同或相邻。
- 非法 AP：既不是本 AC 管理的 AP，也不在 WIDS 白名单中。
- 非法 STA：连在非法 AP 上的 STA。
- 非法网桥：既不是本 AC 管理的 WDS 设备，也不在 WIDS 白名单中。
- 非法 Ad-hoc：检测到的 Ad-hoc 网络设备均认为是非法设备。

（3）非法攻击检测技术

对于中小型 WLAN 网络，为了及时发现网络中受到的攻击，可以启动非法攻击检测功能，对泛洪攻击、弱向量和欺骗攻击等进行检测，及时发现网络的不安全因素。启用该功能后可以添加攻击者到动态黑名单中，并发送告警信息上报至 AC，从而及时通知管理员。

泛洪攻击是指当 AP 在短时间内接收了大量的同一源 MAC 地址的同种类型的管理报文或空数据帧报文时，AP 的系统资源被攻击报文占用，无法处理合法 STA 的报文。

泛洪攻击检测是指 AP 通过持续的监控每个 STA 的流量大小来预防泛洪攻击。当流量超出可容忍的上限时（如 1 秒中接收到超过 100 个报文），该 STA 将被认为要在网络内泛洪，AP 上报告警信息给 AC。如果启用了动态黑名单，检查到的攻击设备将被加入动态黑名单。在动态黑名单老化之前，AP 将丢弃该攻击设备的所有报文，防止对网络造成冲击。

AP 支持对下列报文进行泛洪攻击检测：

- 认证请求帧（Authentication Request）
- 去认证帧（Deauthentication）
- 关联请求帧（Association Request）
- 去关联帧（Disassociation）
- 重关联请求帧（Reassociation Request）
- 探测请求帧（Probe Request）
- Action 帧
- EAPOL Start
- EAPOL-Logoff

（4）弱向量检测

弱向量是指当采用 WEP 加密方式时，对于每一个报文，在发送前都会使用一个 3 字节的初始向量（Initialization Vector，IV）和固定的共享密钥一起来加密报文，使相同的共享密钥产生不同的加密效果。如果 AP 使用了弱 IV（当 AP 检测到 IV 的第 1 字节取值为 3 ~15，第 2 字节取值为 255 时，即为弱 IV），由于在 STA 发送报文时 IV 作为报文头的一部分被明文发送，攻击者很容易暴力破解出共享密钥后访问网络资源。

弱向量检测通过识别每个 WEP 报文的 IV 来预防这种攻击，当一个包含有弱向量的报文被检测到，AP 向 AC 上报告警信息，便于用户使用其他的安全策略来避免 STA 使用弱向量加密。

（5）欺骗攻击检测

欺骗攻击也称为中间人攻击，是指攻击者（恶意 AP 或恶意用户）冒充合法设备向 STA 发送欺骗攻击报文导致 STA 不能上线。欺骗攻击报文主要包括广播型的去关联帧（Disassociation）和去认证帧（Deauthentication）两种报文类型。

启用欺骗攻击检测功能后，当 AP 接收到上述两种报文，会检测报文的源地址是否为 AP 自身的 MAC 地址。如果是，则表示 WLAN 网络受到了解除认证报文或解除关联报文的欺骗攻击，AP 会上报告警信息给 AC。

任务 6-1 部署虚拟专用网络（IPSec VPN）的 隧道网络

任务描述

随着互联网的飞速发展，网络环境也变得越来越复杂，恶意攻击、木马、蠕虫病毒等混合威胁不断增大，单一的防护措施已经无能为力，企业需要对网络进行多层、深层的防护来有效保证其网络安全。

某公司为了让外地员工访问到内网资源，需要在内网中架设一台 VPN 服务器。外地员工通过 Internet 连接 VPN 服务器，然后通过 VPN 服务器进入企业内网。为此，需要对公司和分公司的网络安全设备进行配置。

作为公司安全管理员，现在需要部署深度安全网关中的 VPN 模块，使用 IPSec 快速配置管理工作，尽可能地使 VPN 配置自动化、简单化，做到"快速上线、动态适应、部署简单、安全可靠"。

如图 6-2 所示，在 FWA 和 FWB 之间建立安全隧道，对 HostA 代表的子网（1.1.1.1/24）与 HostB 代表的子网（2.2.2.1/24）之间的数据流进行安全保护，同时实现隧道备份。

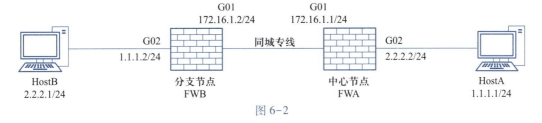

图 6-2

任务实施

1. 场地设备要求

1）计算机一台。

2）网络设备模拟软件。

2. 工作任务

微课 6-1
部署虚拟专用网络(IPSec VPN)的隧道网络

1）根据拓扑图配置主机 IP 地址与网关，配置 FWA、FWB 接口地址。

① 配置 HostA 主机的 IP 地址为 1.1.1.1、子网掩码为 255.255.255.0、默认网关为 1.1.1.2，HostB 主机的 IP 地址为 2.2.2.1、子网掩码为 255.255.255.0、默认网关为 2.2.2.2，如图 6-3 和图 6-4 所示。

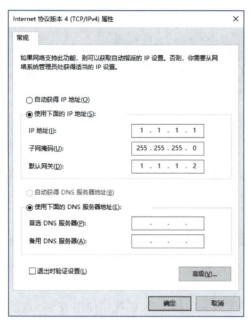

图 6-3　　　　　　　　　　　　　　　　　　　图 6-4

② 配置 FWA 的 G01 接口 IP 地址为 172.16.1.1/24，G02 的接口 IP 地址为 2.2.2.2/24，如图 6-5 和图 6-6 所示。

图 6-5

③ 配置 FWB 的 G01 接口 IP 地址为 172.16.1.2/24，G02 的接口 IP 地址为 1.1.1.2/24，如图 6-7 和图 6-8 所示。

图 6-6

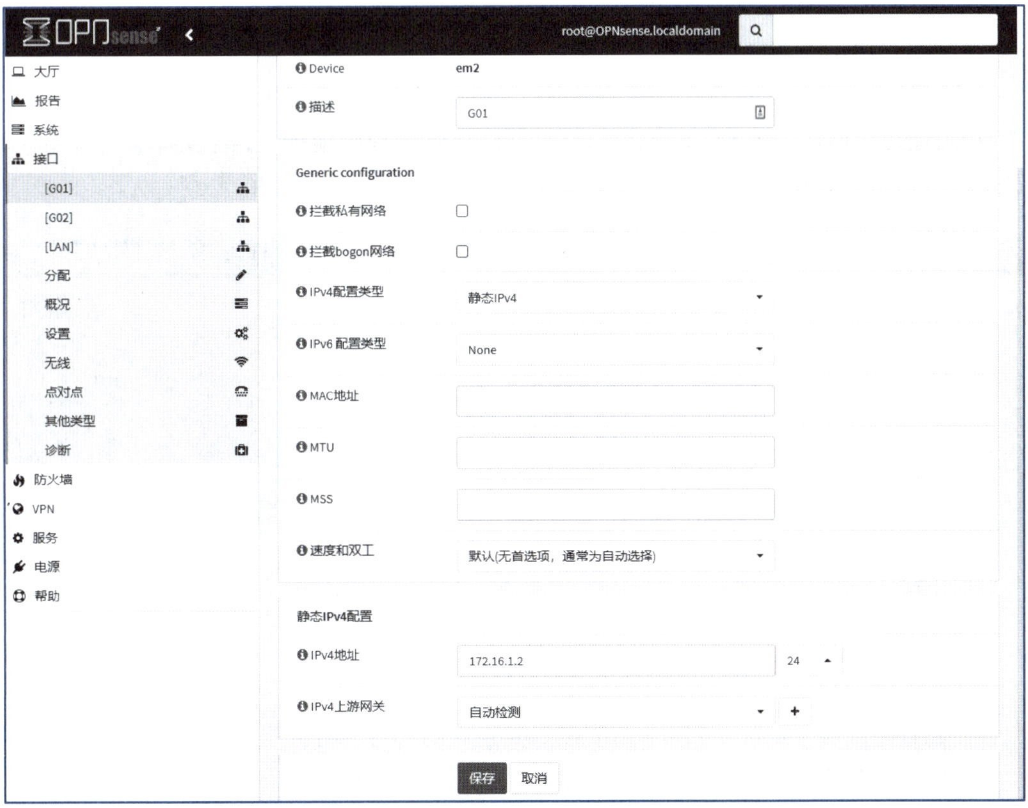

图 6-7

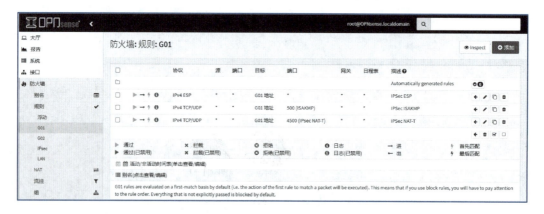

图 6-8

2）防火墙 FWA 和防火墙 FWB 规则（在防火墙规则-G01 接口下）应允许在 G01 接口上放行 ESP 协议、端口 500（ISAKMP）和端口 4500（NAT-T）上的 UDP 流量。

配置 FWA、FWB 的 G01 接口安全规则，分别添加 G01 端口上的放行规则：ESP，目标为 G01 地址，描述为 IPSec ESP；TCP/UDP，目标为 G01 地址，描述为 IPSec ISAKMP；TCP/UDP，目标为 G01 地址，描述为 IPSec NAT-T，如图 6-9 所示。

图 6-9

3）配置防火墙 FWA、FWB 的 G02 接口安全规则放行所有流量，如图 6-10 所示。

4）选择"VPN"→"IPsec"→"隧道配置"项，单击右侧"添加"按钮，配置 FWA 的 VPN 配置。

图 6-10

① 配置第一阶段，选择接口为 G01，设置远程网关为 172.16.1.2，如图 6-11 所示。

图 6-11

② 设置共享密钥为 abc.123，选定阶段 1 的算法为 AES 256，哈希算法为 SHA512，禁用 NAT 穿越，其他保持默认，如图 6-12 和图 6-13 所示。

5）配置完阶段 1 后，单击阶段 1 右侧"+"进入阶段 2 配置。

① 配置第二阶段，修改描述为 local to FWB，配置本地子网类型为 G02 子网，如图 6-14 所示。

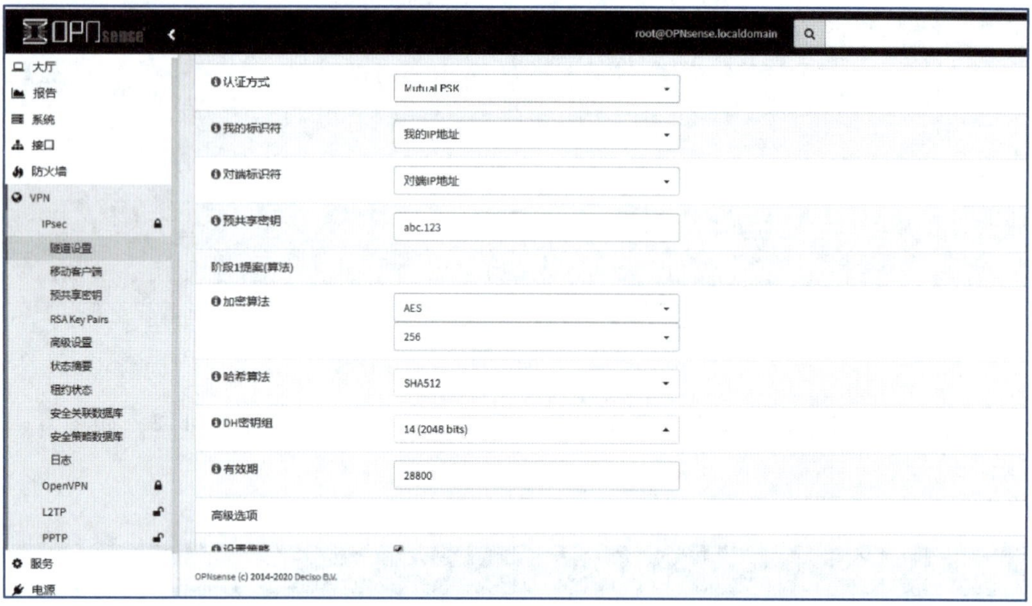

图 6-12

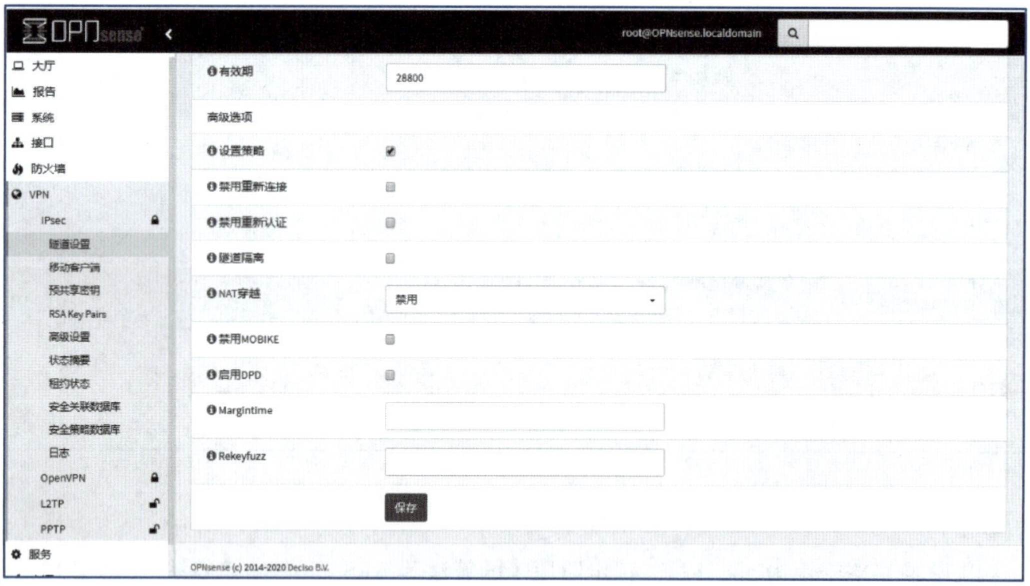

图 6-13

② 配置远程子网类型为"网络",地址为 1.1.1.1/24,密钥交换的协议为 ESP,算法使用 AES 256 bits,哈希算法选择 SHA512,PFS 密钥组设置为 14(2048 bits),其他保持默认,如图 6-15 所示。

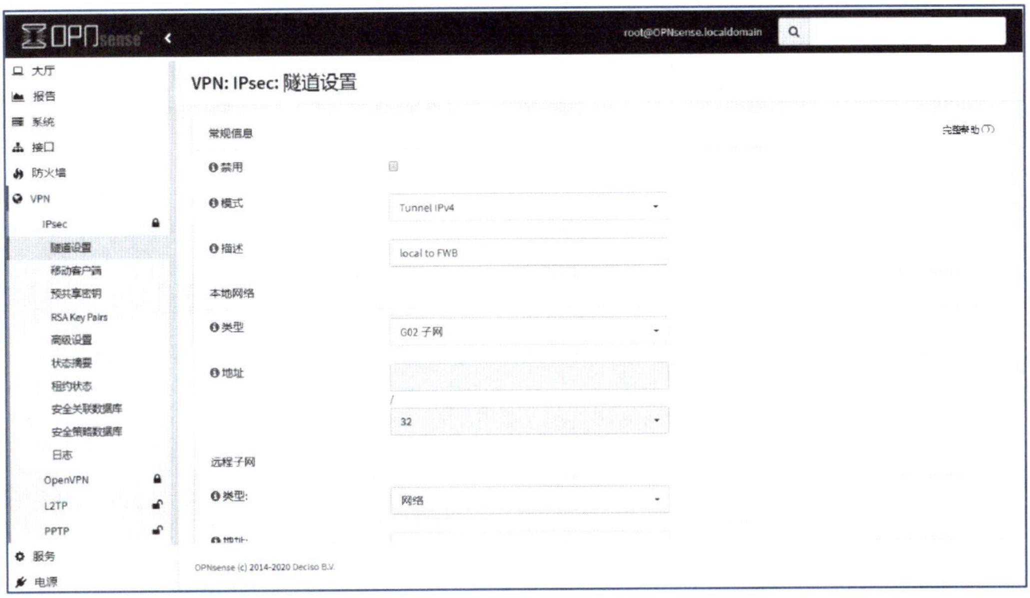
root@OPNsense.localdomain
大厅
报告
系统
接口
防火墙
VPN
IPsec
隧道设置
移动客户端
预共享密钥
RSA Key Pairs
高级设置
状态摘要
租约状态
安全关联数据库
安全策略数据库
日志
OpenVPN
L2TP
PPTP
服务
电源
VPN: IPsec: 隧道设置
常规信息
禁用
模式
Tunnel IPv4
描述
local to FWB
本地网络
类型
G02 子网
地址
32
远程子网
类型:
网络
OPNsense (c) 2014-2020 Deciso B.V.

图 6-14

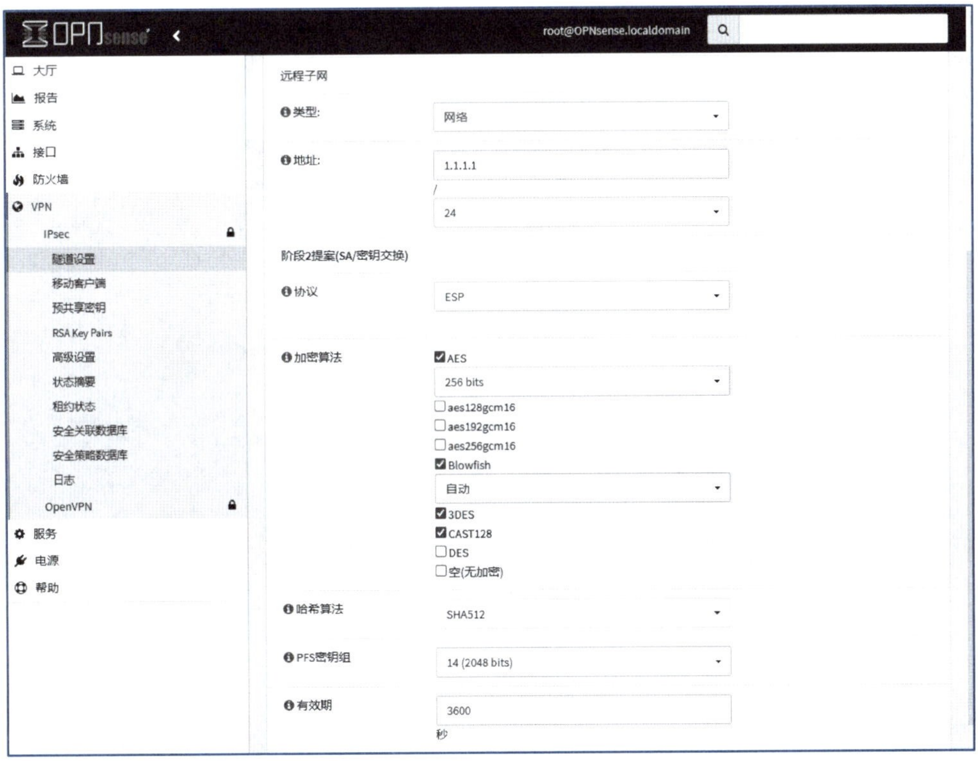
root@OPNsense.localdomain
大厅
报告
系统
接口
防火墙
VPN
IPsec
隧道设置
移动客户端
预共享密钥
RSA Key Pairs
高级设置
状态摘要
租约状态
安全关联数据库
安全策略数据库
日志
OpenVPN
服务
电源
帮助
远程子网
类型:
网络
地址:
1.1.1.1
24
阶段2提案(SA/密钥交换)
协议
ESP
加密算法
AES
256 bits
aes128gcm16
aes192gcm16
aes256gcm16
Blowfish
自动
3DES
CAST128
DES
空(无加密)
哈希算法
SHA512
PFS密钥组
14 (2048 bits)
有效期
3600
秒

图 6-15

③ 配置完以上操作后，单击"保存"按钮，如图6-16所示。

图6-16

④ 配置完以上操作后选中"启用IPsec"复选框并单击"保存"按钮，如图6-17所示。

图6-17

6）使用配置 FWB，设置预共享密钥，设置对端网关 IP 地址。

① 配置第一阶段，选择接口为 G01、设置远程网关为 172. 16. 1. 1，如图 6-18 所示。

图 6-18

② 设置共享密钥为 abc. 123，选定阶段 1 的算法为 AES 256，哈希算法为 SHA512，禁用 NAT 穿越，其他保持默认。操作同步骤 4，此处不再赘述。

7）配置完阶段 1 后，单击阶段 1 右侧"+"按钮进入阶段 2 配置。

① 配置第二阶段，修改描述为 local to FWB，配置本地子网类型为 G02 子网。操作同步骤 5，此处不再赘述。

② 配置远程子网类型为"网络"，地址为 2.2.2.1/24，密钥交换的协议为 ESP，算法使用 AES 256 bits，哈希算法选择"SHA512"，PFS 密钥组设置为 14（2048 bits），如图 6-19 所示。

③ 配置完以上操作后选中"启用 IPsec"复选框并单击"保存"按钮，如图 6-20 所示。

8）在防火墙 IPSec 规则中放行所有流量，如图 6-21 所示。

9）将 FWA 操作配置保存，导出取名为 FWA-6. 1. conf，并下载到指定文件夹内，如图 6-22 所示。

10）重复步骤 9，将 FWB 操作配置保存，导出取名为 FWB-6. 1. conf，并下载到指定文件夹内。

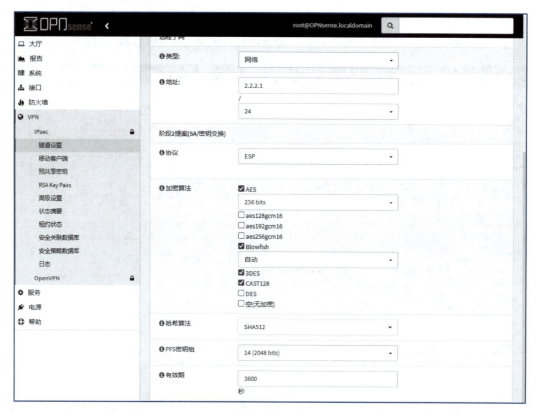

图 6-19

图 6-20

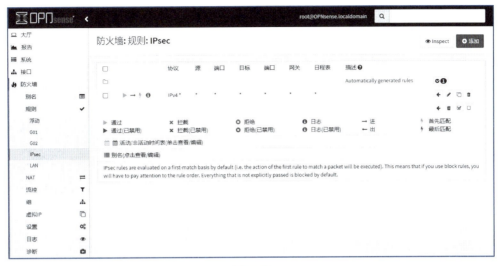

图 6-21

图 6-22

任务 6-2 部署虚拟专用网络（SSL VPN）的隧道网络

任务描述

某企业因业务发展需求开设有分支机构，为保证分支机构的工作人员能够访问总部的服务器资源，在总部（防火墙 FW1 子网）与分支机构（防火墙 FW2 子网）之间部署 OpenVPN。

如图 6-23 所示，在防火墙 FW1 和防火墙 FW2 之间建立安全隧道，使用 SSL VPN 对服务器与客户端之间的数据流进行安全保护。具体要求如下：

1）正确配置 OpenVPN（SSL VPN）。

2）确保客户端能与服务器正常通信。

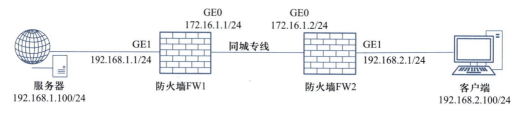

图 6-23

任务实施

1. 场地设备要求

微课 6-2
部署虚拟专
用网络（SSL
VPN）的隧道
网络

1）计算机一台。

2）网络设备模拟软件。

2. 工作任务

1）配置服务器的 IP 地址为 192.168.1.100，子网掩码为 255.255.255.0，默认网关为 192.168.1.1；配置客户端的 IP 地址为 192.168.2.100，子网掩码为 255.255.255.0，默认网关为 192.168.2.1，如图 6-24 和图 6-25 所示。

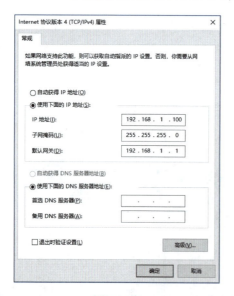

图 6-24

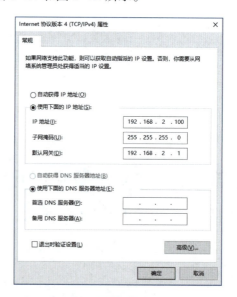

图 6-25

2）配置防火墙 FW1 接口 GE0 的 IP 地址为 172.16.1.1/24，接口 GE1 的 IP 地址为192.168.1.1/24，如图 6-26 和图 6-27 所示。

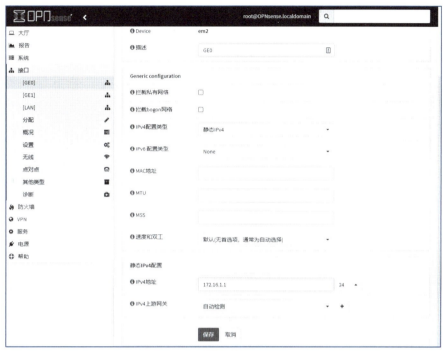

图 6-26

图 6-27

3）配置防火墙 FW2 接口 GE0 的 IP 地址为 172.16.1.2/24，接口 GE1 的 IP 地址为 192.168.2.1/24，如图 6-28 和图 6-29 所示。

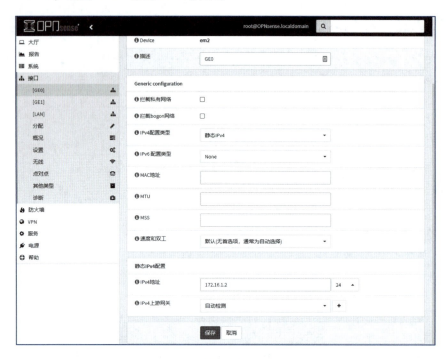

图 6-28

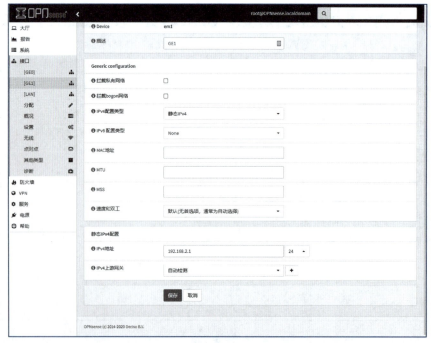

图 6-29

4）配置防火墙 FW1 的 GE0 接口安全规则：放行协议为 TCP/UDP、目标为 172.16.1.1/24、端口为 1194 的流量，如图 6-30 所示。

图 6-30

5）放行两端防火墙上 GE1 接口的所有流量，如图 6-31 所示。

图 6-31

6）添加新的 SSL VPN 服务器。

① 在防火墙 FW1 的管理面板中选择"VPN"→"OpenVPN"→"服务器"项，单击右上角的"添加"按钮添加服务器。配置服务器模式为"点对点（共享密钥）"，接口选

择 GE0，如图 6-32 所示。

图 6-32

② 配置自动生成共享密钥，加密算法选择 AES-128-CBC（128 bit key，128 bit block），认证摘要算法为 SHA1（160-bit），如图 6-33 所示。

图 6-33

③ 配置 IPv4 隧道网络为 10.0.0.0/24，本地网络为 192.168.1.0/24，远程网络为 192.168.2.0/24，如图 6-34 所示。

图 6-34

7）单击"保存"按钮后，再次进入编辑页面复制共享密钥以备使用，如图 6-35 所示。

图 6-35

8）添加防火墙 FW2 的服务器防火墙安全规则，在 GE0 接口上允许 SSL VPN 客户端连接并访问 OpenVPN 服务器端口。如果使用多个服务器时，需要打开每个端口（此处默认允许所有通过），如图 6-36 所示。注意：GE1 接口的规则与 GE0 接口相同，即放行全部流量。

图 6-36

9）配置防火墙 FW2 客户端。

① 在防火墙 FW2 的控制面板中选择 "VPN" → "OpenVPN" → "客户端" 项，单击右上角的 "添加" 按钮添加客户端。配置客户端的服务器模式为 "点对点（共享密钥）" 与对端保持一样，接口选择 GE0，再添加远程服务器 172.16.1.1，端口为 1194，如图 6-37 所示。

图 6-37

② 加密设置中，复制防火墙 FW1 中 OpenVPN 服务器中的密钥并粘贴在共享密钥中，同时加密算法、隧道设置与防火墙 FW1 服务器配置保持一致。隧道设置中，设置 IPv4 隧道网络为 10.0.0.0/24，IPv4 远程网络为 192.168.1.0/24，如图 6-38 和图 6-39 所示。

10）在配置完两端后，选择 "防火墙" → "规则" → "OpenVPN" 项，配置防火墙 FW1 和防火墙 FW2 的防火墙规则为放行所有流量，如图 6-40 所示。

图 6-38

图 6-39

图 6-40

任务 6-3　配置无线设备的安全防护功能

任务描述

　　某企业为了方便公司员工办公，部署了无线业务实现移动办公。为了保障网络的稳定和安全，预防泛洪攻击和暴力破解 PSK 密钥攻击，可以配置攻击检测和动态黑名单，通过将检测到的攻击设备加入动态黑名单，丢弃攻击设备的报文，从而阻止攻击行为，具体拓扑结构如图 6-41 所示（AC 设备型号为 6605，AP 设备型号为 6050DN）。

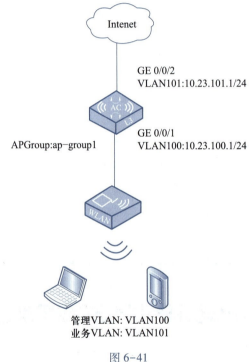

图 6-41

任务实施

1. 场地设备要求

1）计算机一台。

2）网络设备模拟软件。

2. 工作任务

1）配置 AC 接口。命令如下：

```
<AC6605> system-view
[AC6605] sysname AC
[AC] vlan batch 100 101
[AC] interface gigabitethernet 0/0/1
[AC-GigabitEthernet0/0/1] port link-type trunk
[AC-GigabitEthernet0/0/1] port trunk pvid vlan 100
[AC-GigabitEthernet0/0/1] port trunk allow-pass vlan 100
[AC-GigabitEthernet0/0/1] quit
[AC] interface gigabitethernet 0/0/2
[AC-GigabitEthernet0/0/2] port link-type trunk
[AC-GigabitEthernet0/0/2] port trunk allow-pass vlan 101
[AC-GigabitEthernet0/0/2] quit
```

2）配置 AC 作为 DHCP 服务器，为 STA 和 AP 分配 IP 地址。命令如下：

```
[AC] dhcp enable
[AC] interface vlanif 100
[AC-Vlanif100] ip address 10.23.100.1 24
[AC-Vlanif100] dhcp select interface
[AC-Vlanif100] quit
[AC] interface vlanif 101
[AC-Vlanif101] ip address 10.23.101.1 24
[AC-Vlanif101] dhcp select interface
[AC-Vlanif101] quit
```

3）配置 AP 上线。

① 创建 AP 组，用于将相同配置的 AP 都加入同一 AP 组中。命令如下：

```
[AC] wlan
[AC-wlan-view] ap-group name ap-group1
[AC-wlan-ap-group-ap-group1] quit
```

② 创建域管理模板，在域管理模板下配置 AC 的国家码并在 AP 组下引用域管理模板。命令如下：

```
[AC-wlan-view] regulatory-domain-profile name domain1
[AC-wlan-regulatory-domain-prof-domain1] country-code cn
[AC-wlan-regulatory-domain-prof-domain1] quit
[AC-wlan-view] ap-group name ap-group1
[AC-wlan-ap-group-ap-group1] regulatory-domain-profile domain1
Warning: Modifying the country code will clear channel, power and antenna gain configurations of the radio
and reset the AP. Continue? [Y/N]:y
```

```
[AC-wlan-ap-group-ap-group1] quit
[AC-wlan-view] quit
```

③ 配置 AC 的源接口。命令如下：

```
[AC] capwap source interface vlanif 100
```

④ 在 AC 上离线导入 AP，并将 AP 加入 AP 组 ap-group1 中。假设 AP 的 MAC 地址为 60de-4476-e360，并且根据 AP 的部署位置为 AP 配置名称，便于从名称上就能够了解 AP 的部署位置。例如，MAC 地址为 60de-4476-e360 的 AP 部署在 1 号区域，命名此 AP 为 area_1。命令如下：

```
[AC] wlan
[AC-wlan-view] ap auth-mode mac-auth
[AC-wlan-view] ap-id 0 ap-mac 60de-4476-e360
[AC-wlan-ap-0] ap-name area_1
[AC-wlan-ap-0] ap-group ap-group1
Warning: This operation may cause AP reset. If the country code changes, it will clear channel, power and
antenna gain configurations of the radio、Whether to continue? [Y/N]:y
[AC-wlan-ap-0] quit
```

⑤ AP 上电后，执行命令 display ap all，查看到 AP 的 State 字段为 nor 时，表示 AP 正常上线。命令及结果如下：

```
[AC-wlan-view]display ap all
Info: This operation may take a few seconds. Please wait for a moment. Done.
Total AP information:
nor   : normal        [1]
--------------------------------------------------------------------------------
-ID   MAC          Name    Group    IP           Type       State STA Uptime
--------------------------------------------------------------------------------
0     00e0-fce6-2190   area_1  default  10.23.100.147 AP6050DN   nor   0   1M:34S
--------------------------------------------------------------------------------
Total: 1
```

4）配置 WLAN 业务参数。

① 创建名为 wlan-security 的安全模板，并配置安全策略，wpa2 的密码为 a1234567。命令如下：

```
[AC-wlan-view] security-profile name wlan-security
[AC-wlan-sec-prof-wlan-security] security wpa2 psk pass-phrase a1234567 aes
[AC-wlan-sec-prof-wlan-security] quit
```

微课 6-4
配置无线设备
的安全防护功
能 (2)

② 创建名为 wlan-ssid 的 SSID 模板，并配置 SSID 名称为 wlan-net。命令如下：

```
[AC-wlan-view] ssid-profile name wlan-ssid
[AC-wlan-ssid-prof-wlan-ssid] ssid wlan-net
[AC-wlan-ssid-prof-wlan-ssid] quit
```

③ 创建名为 wlan-vap 的 VAP 模板，配置业务数据转发模式、业务 VLAN，并且引用安全模板和 SSID 模板。命令如下：

```
[AC-wlan-view] vap-profile name wlan-vap
[AC-wlan-vap-prof-wlan-vap] forward-mode tunnel
[AC-wlan-vap-prof-wlan-vap] service-vlan vlan-id 101
[AC-wlan-vap-prof-wlan-vap] security-profile wlan-security
[AC-wlan-vap-prof-wlan-vap] ssid-profile wlan-ssid
[AC-wlan-vap-prof-wlan-vap] quit
```

④ 配置 AP 组引用 VAP 模板，AP 上射频 0 和射频 1 都使用 VAP 模板 wlan-vap 的配置。命令如下：

```
[AC-wlan-view] ap-group name ap-group1
[AC-wlan-ap-group-ap-group1] vap-profile wlan-vap wlan 1 radio 0
[AC-wlan-ap-group-ap-group1] vap-profile wlan-vap wlan 1 radio 1
[AC-wlan-ap-group-ap-group1] quit
```

⑤ 配置 AP 射频的信道和功率。关闭射频的信道和功率自动调优功能，因为该功能默认开启，如果不关闭则会导致手动配置不生效。命令如下：

```
[AC-wlan-view] rrm-profile name default
[AC-wlan-rrm-prof-default] calibrate auto-channel-select disable
[AC-wlan-rrm-prof-default] calibrate auto-txpower-select disable
[AC-wlan-rrm-prof-default] quit
```

⑥ 配置 AP 射频 0 的信道和功率。命令如下：

```
[AC-wlan-view] ap-id 0
[AC-wlan-ap-0] radio 0
[AC-wlan-radio-0/0] channel 20mhz 6
Warning: This action may cause service interruption. Continue? [Y/N]:y
[AC-wlan-radio-0/0] eirp 127
[AC-wlan-radio-0/0] quit
```

⑦ 配置 AP 射频 1 的信道和功率。命令如下：

```
[AC-wlan-ap-0] radio 1
[AC-wlan-radio-0/1] channel 20mhz 149
```

```
Warning: This action may cause service interruption. Continue? [Y/N]:y
[AC-wlan-radio-0/1] eirp 127
[AC-wlan-radio-0/1] quit
[AC-wlan-ap-0] quit
```

5）配置攻击检测功能。

① 配置 WPA2-PSK 认证方式的防暴力破解密钥攻击检测和泛洪攻击检测功能，以检测发起攻击的设备信息。命令如下：

```
[AC-wlan-view] ap-group name ap-group1
[AC-wlan-ap-group-ap-group1] radio 0
[AC-wlan-group-radio-ap-group1/0] wids attack detect enable wpa2-psk
[AC-wlan-group-radio-ap-group1/0] wids attack detect enable flood
[AC-wlan-group-radio-ap-group1/0] quit
[AC-wlan-ap-group-ap-group1] quit
```

② 配置 WPA2-PSK 认证方式的暴力破解密钥攻击检测的检测周期为 70 秒，检测周期内允许密钥错误的次数为 25 次，静默时间为 700 秒。命令如下：

```
[AC-wlan-view] wids-profile name wlan-wids
[AC-wlan-wids-prof-wlan-wids] brute-force-detect interval 70
[AC-wlan-wids-prof-wlan-wids] brute-force-detect threshold 25
[AC-wlan-wids-prof-wlan-wids] brute-force-detect quiet-time 700
```

③ 配置泛洪攻击检测的检测周期为 70 秒，泛洪攻击检测阈值为 350 个，静默时间为 700 秒。命令如下：

```
[AC-wlan-wids-prof-wlan-wids] flood-detect interval 70
[AC-wlan-wids-prof-wlan-wids] flood-detect threshold 350
[AC-wlan-wids-prof-wlan-wids] flood-detect quiet-time 70
```

6）动态黑名单功能可以将发起攻击的设备信息加入动态黑名单中，在配置的老化时间内拒绝接收其发送的报文。

① 启用动态黑名单功能。命令如下：

```
[AC-wlan-wids-prof-wlan-wids] dynamic-blacklist enable
[AC-wlan-wids-prof-wlan-wids] quit
```

② 创建名为 wlan-system 的 AP 系统模板，配置动态黑名单老化时间为 200 秒。命令如下：

```
[AC-wlan-view] ap-system-profile name wlan-system
[AC-wlan-ap-system-prof-wlan-system] dynamic-blacklist aging-time 200
[AC-wlan-ap-system-prof-wlan-system] quit
```

7）注意事项。当命令方式操作完成后，可以在虚拟环境中尝试使用移动设备与配置好的 AP 连接，如图 6-42~图 6-44 所示。可以看出，在 VAP 列表中已出现了刚刚配置的 SSID wlan-net，加密方式为 WPA2。可以随便选取 2.4G 或者 5G 中的一个进行连接，当连接成功后便可以观察相应的数据，如图 6-45 所示。

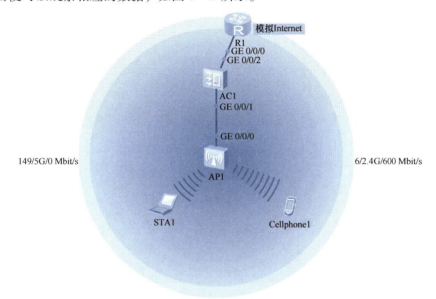

图 6-42

图 6-43

图 6-44

```
STA                                                                    _  □  X

  Vap 列表      命令行      UDP发包工具

  Link local IPv6 address............: ::
  IPv6 address.......................: :: / 128
  IPv6 gateway.......................: ::
  IPv4 address.......................: 10.23.101.243
  Subnet mask........................: 255.255.255.0
  Gateway............................: 10.23.101.1
  Physical address...................: 54-89-98-C0-43-E3
  DNS server.........................:

  STA>ping 10.23.101.1

  Ping 10.23.101.1: 32 data bytes, Press Ctrl_C to break
  From 10.23.101.1: bytes=32 seq=1 ttl=255 time=109 ms
  From 10.23.101.1: bytes=32 seq=2 ttl=255 time=109 ms
  From 10.23.101.1: bytes=32 seq=3 ttl=255 time=94 ms
  From 10.23.101.1: bytes=32 seq=4 ttl=255 time=94 ms
  From 10.23.101.1: bytes=32 seq=5 ttl=255 time=109 ms

  --- 10.23.101.1 ping statistics ---
    5 packet(s) transmitted
    5 packet(s) received
    0.00% packet loss
    round-trip min/avg/max = 94/103/109 ms

  STA>
```

图 6-45

任务 6-4   配置、优化无线设备的安全防护扩展功能

任务描述

　　某企业分支机构为了保证工作人员可以随时随地访问公司网络资源，部署 WLAN 基本业务实现移动办公，提供 SSID 为 wlan-net 的 WLAN 接入服务，STA 自动获取 IP 地址。

　　由于分支机构位于开放式场所，容易受到网络入侵，例如攻击者在 WLAN 网络中放入一台非法 AP（AP2），SSID 设置为 wlan-net 以冒充合法 AP，用于和 STA 建立 WLAN 连接来窃取企业信息，则会严重威胁到企业网络的安全。为了预防此类入侵，可以部署监控 AP（AP3），配置 WIDS 和 WIPS 功能，使 AC 能够检测出非法的 AP2（既不是本 AC 管理的 AP，也不在合法 AP 列表中），并保证 STA 不接入 AP2 网络拓扑图如图 6-46 所示（AC 设备型号为 6605，AP 设备型号为 6050DN）。

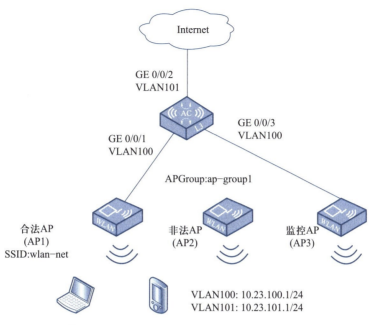

图 6-46

任务实施

1. 场地设备要求

1）计算机一台。

2）网络设备模拟软件。

2. 工作任务

微课 6-5
配置、优化无
线设备的安全
防护扩展功能
（1）

1）根据拓扑配置 AC 上下链路。

① 将接口 GE 0/0/1 和 GE 0/0/3 加入 VLAN100（管理 VLAN）。命令如下：

```
<AC6605> system-view
[AC6605] sysname AC
[AC] vlan batch 100 101
[AC] interface gigabitethernet 0/0/1
[AC-GigabitEthernet0/0/1] port link-type trunk
[AC-GigabitEthernet0/0/1] port trunk pvid vlan 100
[AC-GigabitEthernet0/0/1] port trunk allow-pass vlan 100
[AC-GigabitEthernet0/0/1] quit
```

```
[AC] interface gigabitethernet 0/0/3
[AC-GigabitEthernet0/0/3] port link-type trunk
[AC-GigabitEthernet0/0/3] port trunk pvid vlan 100
[AC-GigabitEthernet0/0/3] port trunk allow-pass vlan 100
[AC-GigabitEthernet0/0/3] quit
```

② 配置 AC，将接口 GE 0/0/1 和 GE 0/0/3 加入 VLAN100（管理 VLAN）。命令如下：

```
[AC] interface gigabitethernet 0/0/2
[AC-GigabitEthernet0/0/2] port link-type trunk
[AC-GigabitEthernet0/0/2] port trunk allow-pass vlan 101
[AC-GigabitEthernet0/0/2] quit
```

2）配置 AC 作为 DHCP 服务器，为业务和管理分配 IP 地址。命令如下：

```
[AC] dhcp enable
[AC] interface vlanif 100
[AC-Vlanif100] ip address 10.23.100.1 24
[AC-Vlanif100] dhcp select interface
[AC-Vlanif100] quit
[AC] interface vlanif 101
[AC-Vlanif101] ip address 10.23.101.1 24
[AC-Vlanif101] dhcp select interface
[AC-Vlanif101] quit
```

3）配置 AC 上线，实现 STA 可以正常接入 WLAN 网络。

① 创建 AP 组，用于将相同配置的 AP 都加入同一 AP 组中。命令如下：

```
[AC] wlan
[AC-wlan-view] ap-group name ap-group1
[AC-wlan-ap-group-ap-group1] quit
[AC-wlan-view] ap-group name ap-group2
[AC-wlan-ap-group-ap-group2] quit
```

② 创建域管理模板，在域管理模板下配置 AC 的国家码并在 AP 组下引用域管理模板。命令如下：

```
[AC-wlan-view] regulatory-domain-profile name domain1
[AC-wlan-regulatory-domain-prof-domain1] country-code cn
[AC-wlan-regulatory-domain-prof-domain1] quit
[AC-wlan-view] ap-group name ap-group1
[AC-wlan-ap-group-ap-group1] regulatory-domain-profile domain1
Warning: Modifying the country code will clear channel, power and antenna gain configurations of the radio
and reset the AP. Continue? [Y/N]:y
```

```
[AC-wlan-ap-group-ap-group1] quit
[AC-wlan-view] ap-group name ap-group2
[AC-wlan-ap-group-ap-group2] regulatory-domain-profile domain1
Warning：Modifying the country code will clear channel, power and antenna gain configurations of the radio
and reset the AP. Continue? [Y/N]:y
[AC-wlan-ap-group-ap-group2] quit
[AC-wlan-view] quit
```

③ 配置 AC 的源接口。命令如下：

```
[AC] capwap source interface vlanif 100
```

④ 在 AC 上离线导入 AP，并将 AP1 和 AP3 加入 AP 组 ap-group1 和 ap-group2 中，假设 AP1 和 AP3 的 MAC 地址分别为 60de-4476-e360 和 dcd2-fc04-b500。命令如下：

```
[AC] wlan
[AC-wlan-view] ap auth-mode mac-auth
[AC-wlan-view] ap-id 0 ap-mac 60de-4476-e360
[AC-wlan-ap-0] ap-name AP1
[AC-wlan-ap-0] ap-group ap-group1
Warning：This operation may cause AP reset. If the country code changes, it will clear channel, power and
antenna gain configurations of the radio. Whether to continue? [Y/N]:y
[AC-wlan-ap-0] quit
[AC-wlan-view] ap-id 1 ap-mac dcd2-fc04-b500
[AC-wlan-ap-1] ap-name AP3
[AC-wlan-ap-1] ap-group ap-group2
Warning：This operation may cause AP reset. If the country code changes, it will clear channel, power and
antenna gain configurations of the radio. Whether to continue? [Y/N]:y
[AC-wlan-ap-1] quit
```

⑤ 创建名为 wlan-security 的安全模板，并配置安全策略。命令如下：

```
[AC-wlan-view] security-profile name wlan-security
[AC-wlan-sec-prof-wlan-security] security wpa2 psk pass-phrase a1234567 aes
[AC-wlan-sec-prof-wlan-security] quit
```

微课 6-6
配置、优化无
线设备的安全
防护扩展功能
(2)

⑥ 创建名为 wlan-ssid 的 SSID 模板，并配置 SSID 名称为 wlan-net。命令如下：

```
[AC-wlan-view] ssid-profile name wlan-ssid
[AC-wlan-ssid-prof-wlan-ssid] ssid wlan-net
Warning：This action may cause service interruption. Continue? [Y/N]:y
[AC-wlan-ssid-prof-wlan-ssid] quit
```

⑦ 创建名为 wlan-vap1 的 VAP 模板，配置业务数据转发模式、业务 VLAN，并且引用安全模板和 SSID 模板。命令如下：

```
[AC-wlan-view] vap-profile name wlan-vap1
[AC-wlan-vap-prof-wlan-vap1] forward-mode tunnel
Warning：This action may cause service interruption. Continue？[Y/N]:y
[AC-wlan-vap-prof-wlan-vap1] service-vlan vlan-id 101
[AC-wlan-vap-prof-wlan-vap1] security-profile wlan-security
[AC-wlan-vap-prof-wlan-vap1] ssid-profile wlan-ssid
[AC-wlan-vap-prof-wlan-vap1] quit
```

⑧ 创建名为 wlan-vap2 的 VAP 模板，引用 SSID 模板。命令如下：

```
[AC-wlan-view] vap-profile name wlan-vap2
[AC-wlan-vap-prof-wlan-vap2] ssid-profile wlan-ssid
[AC-wlan-vap-prof-wlan-vap2] quit
```

⑨ 配置 AP 组 ap-group1 引用 VAP 模板 wlan-vap1。命令如下：

```
[AC-wlan-view] ap-group name ap-group1
[AC-wlan-ap-group-ap-group1] vap-profile wlan-vap1 wlan 1 radio all
[AC-wlan-ap-group-ap-group1] quit
```

⑩ 配置 AP 组 ap-group2 引用 VAP 模板 wlan-vap2。命令如下：

```
[AC-wlan-view] ap-group name ap-group2
[AC-wlan-ap-group-ap-group2] vap-profile wlan-vap2 wlan 2 radio all
```

4）配置 AP3 工作在监控模式，能够检测无线设备信息并上报给 AC。命令如下：

```
[AC-wlan-ap-group-ap-group2] radio 0
[AC-wlan-group-radio-ap-group2/0] work-mode monitor
Warning：Modify the work mode may cause business interruption，continue？(Y/N)[N]:y
```

5）配置 WIDS 和 WIPS 功能，AC 对检测出的非法 AP2 进行反制，使 STA 断开和 AP2 的连接。

① 开启设备检测和非法设备反制功能。命令如下：

```
[AC-wlan-group-radio-ap-group2/0] wids device detect enable
[AC-wlan-group-radio-ap-group2/0] wids contain enable
[AC-wlan-group-radio-ap-group2/0] quit
[AC-wlan-ap-group-ap-group2] quit
```

② 创建名为 wlan-wids 的 WIDS 模板，并配置反制模式为反制非法 AP 设备。命令如下：

［AC-wlan-view］wids-profile name wlan-wids

［AC-wlan-wids-prof-wlan-wids］contain-mode spoof-ssid-ap

［AC-wlan-wids-prof-wlan-wids］quit

③ 配置 AP 组 ap-group2 引用 WIDS 模板 wlan-wids。命令如下：

［AC-wlan-view］ap-group name ap-group2

［AC-wlan-ap-group-ap-group2］wids-profile wlan-wids

［AC-wlan-ap-group-ap-group2］quit

项目实训

如图 6-47 所示，如果局域网内存在黑客向 AC 发起畸形报文攻击、分片报文攻击和泛洪攻击，将会造成 AC 瘫痪。为了预防这种情况，管理员希望通过在 AC 上部署各种攻击防范措施来为用户提供安全的网络环境，保障正常的网络服务。其中，AC 设备型号为6605，SW 设备型号为 S5700，AP 设备型号为 6050DN。

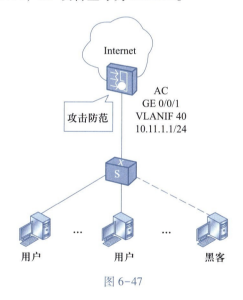

图 6-47

具体要求如下：

1）启用畸形报文攻击防范功能，避免畸形报文攻击。

2）启用分片报文攻击防范功能，避免分片报文攻击。

3）启用泛洪攻击防范功能，避免泛洪攻击。

项目总结

通过本项目的学习和实训，应该掌握 IPSec VPN 和 SSL VPN 的基础配置、无线 WLAN 业务基本配置以及安全防护等技能和知识。

课后习题

一、选择题

1. 作为使用 2.4 GHz 频率范围的 802.11b/g 协议，在国内可使用的最大信道数量是（   ）。

　　A. 14　　　　　　　　B. 13　　　　　　　　C. 12　　　　　　　　D. 11

2. 以下关于 VPN 的说法中，正确的是（   ）。

　　A. VPN 指的是用户自己租用线路，和公共网络物理上完全隔离的、安全的线路

　　B. VPN 指的是用户通过公用网络建立的临时的、安全的连接

　　C. VPN 不能做到信息验证和身份认证

　　D. VPN 只能提供身份认证、不能提供加密数据的功能

3. IPSec 协议是开放的 VPN 协议，下列关于它的描述中错误的是（   ）。

　　A. 适应于向 IPv6 迁移

　　B. 提供在网络层上的数据加密保护

　　C. 可以适应设备动态 IP 地址的情况

　　D. 支持除 TCP/IP 外的其他协议

4. 如果 VPN 网络需要运行动态路由协议并提供私网数据加密，通常采用（   ）技术手段实现。

　　A. GRE　　　　　　　　　　　　　　B. GRE+IPSec

　　C. L2TP　　　　　　　　　　　　　　D. L2TP+IPSec

5. 以下协议中采用 OFDM 调制技术的是（   ）。

　　A. 802.11g　　　　B. 802.11a　　　　C. 802.11b　　　　D. 802.11e

二、简答题

1. 什么是 VPN？

2. 无线非法设备检测及流程是什么？

第3部分
应用安全配置

学习情境

　　随着个人计算机的普及，计算机安全日益成为一个网络应用乃至全社会关注的大问题。其原因在于，许多重要的信息存储在计算机上，一旦这些信息通过网络等途径泄露出去将造成无法估量的损失。一方面，有许多入侵者千方百计想"看"到一些关心的数据或者信息；另一方面，计算机自身存在安全隐患也使得入侵者容易得逞。因此，作为目前使用较广泛的 Windows 操作系统，其系统安全性应得到重视。

学习目标

知识目标
1) 了解文件访问权限。
2) 了解系统网络访问策略。
3) 了解系统安全审核与备份的相关知识。

技能目标
1) 学会如何配置、管理文件访问权限。
2) 学会配置、管理系统网络访问策略。
3) 学会对系统进行安全审核与备份。

相关知识

　　系统漏洞是指某个程序（包括操作系统）在设计时未考虑周全，当程序遇到一个看似合理但实际无法处理的问题时，引发不可预见的错误。系统漏洞在某些情况下又称为"安全缺陷"，如果被恶意利用，就会造成信息泄露、数据安全受到威胁、用户权限被篡改等恶性后果。而对普通用户来说，系统漏洞在特定条件下可能会造成不明原因的死机或丢失文件等现象。

　　漏洞的产生大致可分为以下几类：

　　1）在程序编写过程中的人为遗留。某些程序员为了达到不可告人的目的，有意识地在程序的隐蔽处留下各种各样的"后门"，以供自己日后利用。但是随着法律法规的不断完善，这类漏洞将越来越少（别有用心者除外）。

　　2）受水平、经验和当时安全加密方法所限。受编程人员的水平、经验和当时安全技术、加密方法所限，在程序中总会或多或少出现些不完善，这些地方有的影响程序的效率，有的会导致非授权用户的权利提升。

　　3）由于硬件自身的原因，编程人员无法弥补其中的漏洞，从而使硬件问题通过软件表现。

　　通常的理论认为，Windows 操作系统之所以会受到众多黑客的攻击，是由于它被使用得较广泛的缘故，但这其实并不是其遭受黑客频频攻击的主要原因。Windows 系统与其他系统相比来说更容易被攻击，是因为对于计算机而言，端口是最容易受到攻击的命门。

　　众所周知，微软公司从 Windows 诞生就开始奉行其一贯主张的"用户所需要的是网络的兼容性和应用程序之间的兼容性"，但恰恰是这一点使其忽略了超强的兼容性将会导致的安全问题。另外，Windows 允许远程访问注册表的功能，也会给黑客带来可乘之机。Windows 漏洞只是冰山一角，上面列出的 Windows 应用的几个方面，如本地、个人用户、局域网、服务器应用等都存在大量严重问题，当然，也还有没提到的账户弱口令密码等。

任务 7-1　Windows Server 2016 IIS 10 安装配置

任务描述

　　某企业的重要服务器中安装有 IIS 应用，现要求进行如下操作：

　　1）配置 IIS 服务器。

2）设置"表单验证"为"加密和验证"。

3）配置 IIS 服务器，禁用 TRACE、ADD 和 DELETE 请求方法。

知识准备

IIS（Internet Information Services，Internet 信息服务）是微软开发的一个用于架构基于 Windows 操作系统的服务器附件。

Windows 操作系统有很多版本，其中 Professional 版本的 IIS 功能大大精简于 Server 以及 Advanced Server 版。如果要建立服务器，推荐用 Windows Server 2008 及以上版本。它是一种 Web（网页）服务组件，其中包括 Web 服务器、FTP 服务器、NNTP 服务器和 SMTP 服务器，分别用于网页浏览、文件传输、新闻服务和邮件发送等方面。IIS 使得用户在网络（包括互联网和局域网）上发布信息成了一件很容易的事。

任务实施

微课 7-1
Windows Server
2016 IIS 10 安
装配置

1. 配置 IIS 服务器，设置"表单验证"为"加密和验证"

1）打开"服务器管理器"窗口，在菜单栏中选择"管理"→"添加角色和功能"命令，如图 7-1 所示。

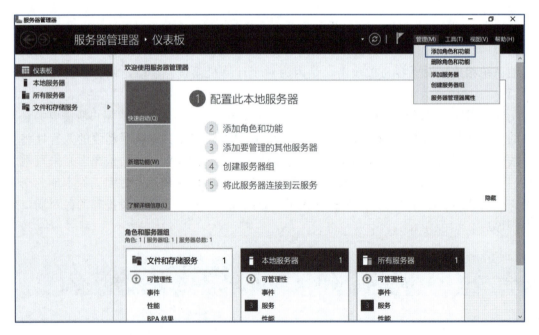

图 7-1

2）打开"添加角色和功能向导"对话框，单击"下一步"按钮，如图 7-2 所示。

图 7-2

3）在"选择安装类型"界面中，选中"基于角色或基于功能的安装"单选按钮，再单击"下一步"按钮，如图 7-3 所示。

图 7-3

4）在"选择目标服务器"界面中，选中"从服务器池中选择服务器"单选按钮，从服务器池中选择所需要的服务器，并单击"下一步"按钮，如图 7-4 所示。

图 7-4

5）在"选择服务器角色"界面中，选中"Web 服务器（IIS）"复选框，并单击"下一步"按钮，如图 7-5 所示。

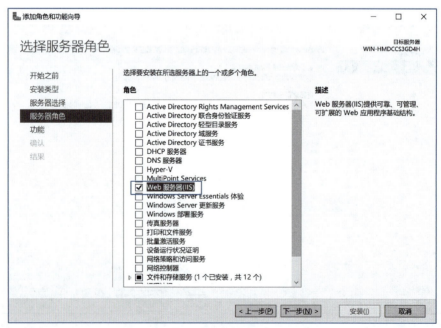

图 7-5

6）在打开的提示框中单击"添加功能"按钮，如图 7-6 所示。

图 7-6

7）在"选择功能"界面中，选中"HTTP 激活"复选框，并单击"下一步"按钮，如图 7-7 所示。

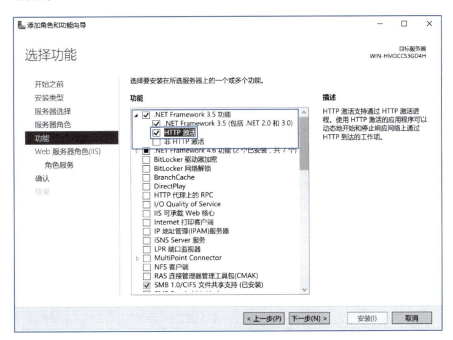

图 7-7

8）在"选择角色服务"界面中，本例选中"角色服务"列表中的全部复选项，并单击"下一步"按钮，如图 7-8 所示。

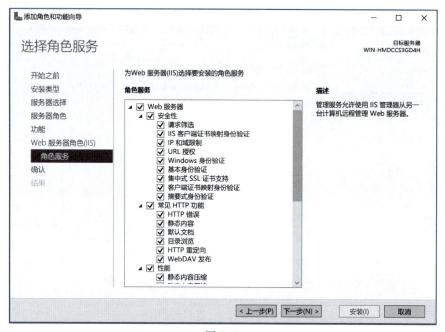

图 7-8

9）在"确认安装所选内容"界面中，确认无误后单击"安装"按钮，如图 7-9 所示。

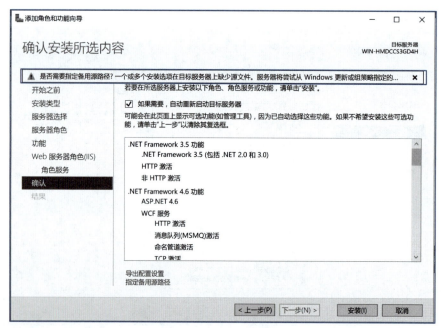

图 7-9

10）如图 7-10 所示即表示安装完成。

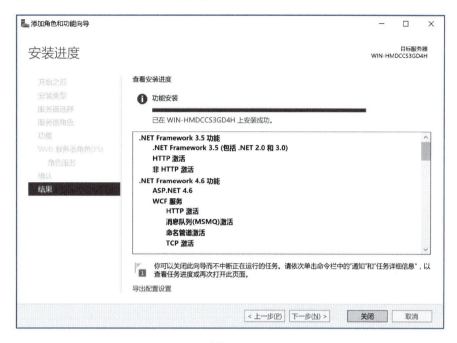

图 7-10

2. 配置"表单验证"为"加密和验证"

1）打开"Internet Information Services（IIS）管理器"窗口，选择"身份验证"项，如图 7-11 所示。

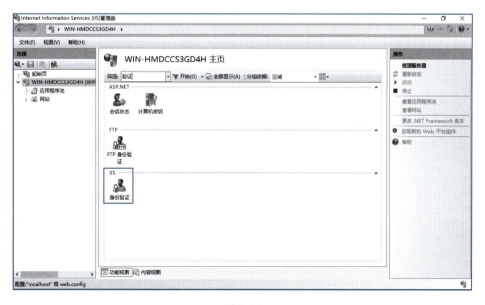

图 7-11

2）在"身份验证"界面中双击"Forms 身份验证"项，如图 7-12 所示。

图 7-12

3）在打开的"编辑 Forms 身份验证设置"对话框中，"保护模式"选择"加密和验证"项，如图 7-13 所示。

4）返回"身份验证"界面，右击"Forms 身份验证"项，在弹出的快捷菜单中选择"启用"命令，结果如图 7-14 所示。

图 7-13   图 7-14

3. 禁用 TRACE、ADD 及 DELETE 请求方法

1）在"Internet Information Services（IIS）管理器"窗口中选择"请求筛选"项，如图 7-15 所示。

图 7-15

2）选择"HTTP 谓词"选项卡，单击右侧的"拒绝谓词"按钮，如图 7-16 所示。

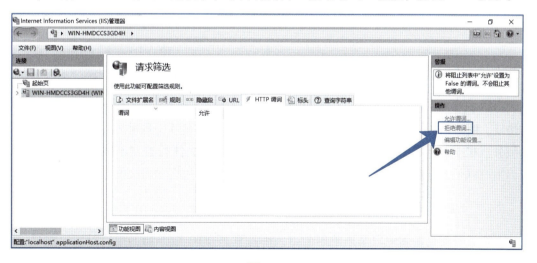

图 7-16

3）在打开的"拒绝谓词"对话框中分别输入 TRACE、ADD 及 DELETE，如图 7-17 所示。

4）设置成功后的结果如图 7-18 所示。

图 7-17   图 7-18

任务 7-2　FTP 服务配置及 FTP 权限管理

任务描述

某企业的重要计算机中安装有 IIS，并开启了 FTP 服务作为文件服务器，现需要对该服务器的 FTP 服务进行安全配置。具体要求如下：

1）配置 FTP 服务，禁用匿名登录。

2）配置 FTP 服务，禁用全局虚拟目录。

3）指定访问源 IP 地址为 192.168.111.223。

知识准备

1. FTP 概述

FTP（File Transfer Protocol，文件传送协议）是用于 Internet 上的控制文件的双向传输的协议。同时，它也是一个应用程序，可以通过它将用户的 PC 与世界各地所有运行 FTP 的服务器相连，允许用户在计算机之间传送文件，并且文件的类型不限，可以是文本文件，也可以是二进制可执行文件、声音文件、图像文件或数据压缩文件等。

2. 虚拟目录

虚拟目录就是将其他目录以映射的方式虚拟到该 FTP 服务器的主目录下。这样，一个 FTP 服务器的主目录实质上就可以包括很多不同盘符、不同路径的目录，而不会受到所在磁盘空间的限制。当用户登录到主目录下，还可以根据该账户的权限对它进行相应的操作，就像操作主目录下的子目录一样。

任务实施

微课 7-2
FTP 服务配置
及 FTP 权限管理

1. 禁用匿名登录

1）在"Internet Information Services（IIS）管理器"窗口中选择"FTP 身份验证"项，如图 7-19 所示。

2）右击"匿名身份验证"项，在弹出的快捷菜单中选择"禁用"命令，如图 7-20 所示。

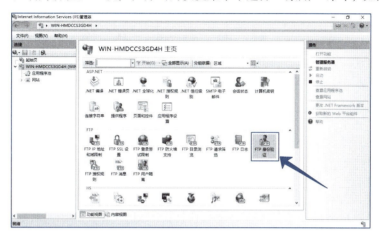

图 7-19

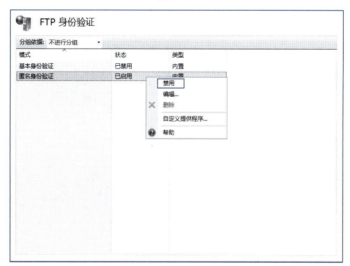

图 7-20

2. 禁用全局虚拟目录

1）在"Internet Information Services（IIS）管理器"窗口中选择"FTP 用户隔离"项，如图 7-21 所示。

图 7-21

2）选中"用户名目录（禁用全局虚拟目录）"单选按钮，并单击右侧"应用"按钮，如图 7-22 所示。

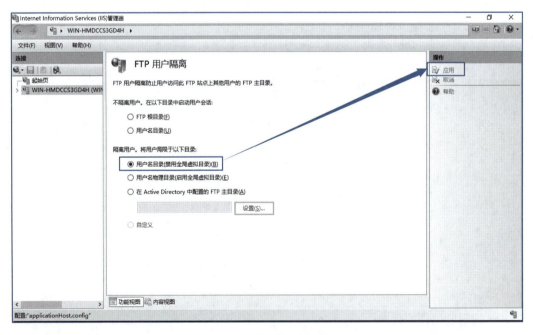

图 7-22

3）设置成功后，提示结果如图 7-23 所示。

3. 指定访问源 IP 地址

1）在"Internet Information Services（IIS）管理器"窗口中选择"IP 地址和域限制"项，如图 7-24 所示。

图 7-23

图 7-24

2）单击右侧"添加允许条目"按钮，添加允许条目并应用更改，结果如图 7-25 所示。

图 7-25

任务 7-3　配置邮件服务器安全访问策略

任务描述

企业某台重要计算机中安装有 hMailServer，现要对该邮件服务器进行安全配置。具体要求如下：

1）启用日志功能，记录 SMTP、POP3 及 IMAP 协议的日志。

2）配置反病毒功能。

知识准备

在网络信息化时代，电子邮件已经成为常用的对外通信工具，而且也成了企业内部主要的沟通工具。然而，邮件安全问题日益突出，逐渐成为电信诈骗、勒索软件攻击的重灾区。电子邮件的主要攻击方式有以下几种。

1）传输加密：一些公共网络的安全性较差，黑客很容易入侵到其网关设备并监控网络流量。如果收发邮件没有加密，黑客抓到这些数据包后很容易还原出邮件的正文和附件。

2）钓鱼邮件：钓鱼邮件种类繁多，利用邮件骗取回复以收集敏感信息是最简单和常见的钓鱼方式。

3）附件病毒：流行的勒索病毒邮件多为英文邮件，主题和正文诱导用户打开附件。这种病毒对文档的加密强度很高，可以说是无法破解，只有付款才能解密文档。

4）恶意链接：包含链接并导向钓鱼页面的邮件比较具有迷惑性，因为让受害者看到了与真实登录界面几乎一模一样的网页，受害者就会放低戒心，输入用户名和密码。邮件中的超链接也可能直接指向一个挂马页面，打开后本地 PC 直接就会中木马。

任务实施

微课 7-3
配置邮件服务器安全访问策略

1. 启用日志功能

1）下载并安装 hMailServer，启动后在左侧窗格中选择 "Settings" → "Logging" 项，如图 7-26 所示。

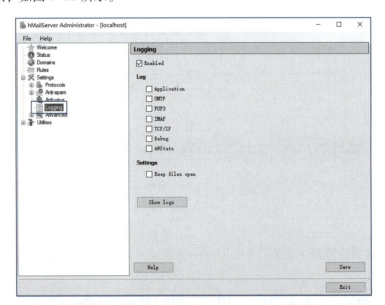

图 7-26

2）选中 SMTP、POP3 和 IMAP 复选框，再单击 Save 按钮即可，如图 7-27 所示。

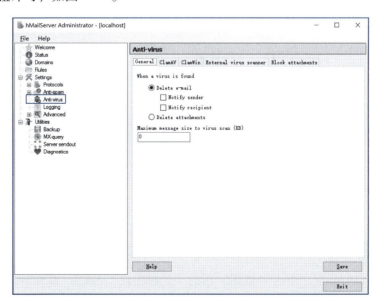

图 7-27

2. 配置反病毒功能

在 hMailServer 的左侧窗口中选择 Anti-virus 项，并选中 Delete e-mail 单选按钮后，再单击 Save 按钮即可，如图 7-28。

图 7-28

任务 7-4   对系统进行安全审核与备份

任务描述

企业的某重要 Windows 服务器中安装有 IIS 10,现需要对 IIS 的日志进行安全配置。具体要求如下:

1) 配置日志文件格式为 W3C。

2) 配置日志文件记录字段,使日志记录日期、时间、客户端 IP 地址、用户名、服务器 IP 地址、服务器端口、方法、URI 资源、协议状态、协议子状态、所用时间、用户代理、Cookie 以及引用网站。

3) 配置每天滚动更新日志,并使用本地时间进行文件命名和滚动更新。

知识准备

对于一个需要长期维护的网站来说,如何让网站长久稳定地运行是非常有意义的事情。有些在开发阶段没有暴露的问题很有可能会在运维阶段出现,这也是很正常的。还有些时候,管理员希望不断对网站进行优化,让网站更快速地响应用户请求,这些事情都发生在开发之后的运维阶段。

与开发阶段不同的是,运维阶段不可能让管理员去调试程序、发现各类问题,只能通过各种系统日志来分析网站的运行状况。对于部署在 IIS 上的网站来说,IIS 日志提供了最有价值的信息,管理员可以通过它来分析网站的响应情况,判断网站是否有性能问题,或者存在哪些需要改进的地方。

注意:IIS 日志支持以不同格式文件输出。

任务实施

1. 配置日志文件格式

微课 7-4
对系统进行安
全审核与备份

1) 在 "Internet Information Services(IIS)管理器" 窗口中选择 "日志" 项,如图 7-29 所示。

2) 在打开的 "日志" 界面中选择日志文件格式为 W3C,如图 7-30 所示。

2. 配置日志文件记录字段

1) 在 "日志" 界面中单击 "格式" 后的 "选择字段" 按钮,如图 7-31 所示。

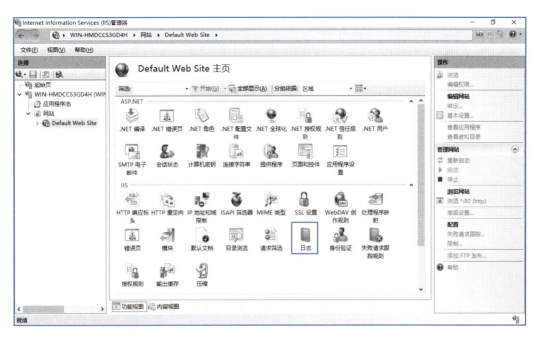

图 7-29

图 7-30

图 7-31

2）在打开的对话框中选择所需的 W3C 日志记录的字段即可，如图 7-32 所示。也可以单击"添加字段"按钮，添加自定义字段，如图 7-33 所示。

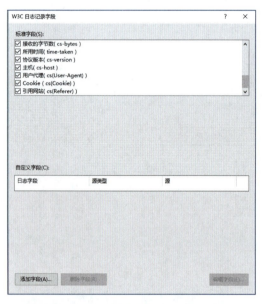

图 7-32

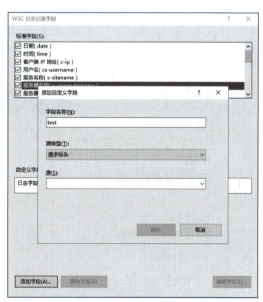

图 7-33

3. 配置定期更新

在"日志"界面中的"日志文件滚动更新"项目栏中修改日志更新计划为"每天"，如图 7-34 所示。

图 7-34

任务 7-5　配置合适的安全策略

任务描述

企业某重要计算机中安装有 IIS，并开启了 FTP 服务作为文件服务器，现需要对该服务器的 FTP 服务进行安全配置。具体要求如下：

1）配置 FTP 登录尝试限制为启用，并设置最大登录失败次数为 8 次，限制时间为 60 秒。

2）配置每个站点配置一个单独的日志文件。

3）配置 FTP 日志，选择 W3C 字段，在日志中记录访问的日期、时间、客户端 IP 地址、服务器、方法、URI 资源、协议状态、服务器端口以及客户端端口。

知识准备

在面向互联网的服务器上运行 FTP 服务无疑打开了额外的一层攻击面,因为黑客可以通过各种公开发布或特殊用途的 FTP 客户端连接到 FTP 服务器,持续发送请求、猜测用户名/密码组合并获得服务器上账户访问权限的方法。因此管理员需要实施策略,强制实施强密码、密码过期以及密码锁定等保护。密码锁定方法的局限性在于,合法账户可能由于黑客尝试获得该账户访问权而被锁定,因此作为良好的密码管理策略的一部分,就需要服务器管理员重新启用被锁定的账户。

任务实施

微课 7-5
配置合适的安全策略

1. 配置 FTP 登录限制

1)在 "Internet Information Services(IIS)管理器" 窗口中选择 "FTP 登录尝试限制" 项,如图 7-35 所示。

图 7-35

2)在 "FTP 登录尝试限制" 界面中,设置 "最大登录尝试失败次数" 为 8 次,时间段为 60 秒,如图 7-36 所示。

2. 配置日志选项

1)在 "Internet Information Services(IIS)管理器" 窗口中选择 "FTP 日志" 项,如

图 7-37 所示。

图 7-36

图 7-37

2）在"FTP 日志"界面中，设置每个站点一个日志文件，更新计划为"每天"，并单击"应用"按钮，如图 7-38 所示。

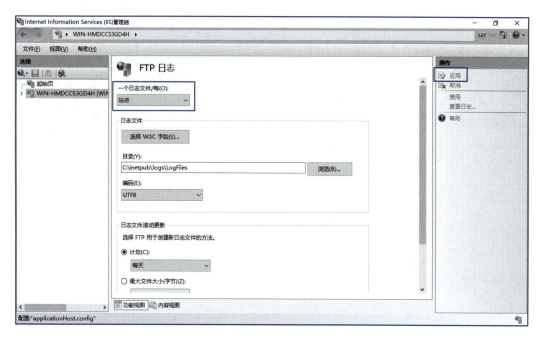

图 7-38

3. 配置 W3C 字段

1）在"FTP 日志"界面中单击"选择 W3C 字段"按钮，如图 7-39 所示。

图 7-39

2）在打开的列表中选择需要记录的日志信息，并单击"确定"按钮，如图 7-40 所示。

图 7-40

项目实训

某企业中等规模，拥有多种类型的应用服务器，包括 Web 应用服务器、FTP 服务器、Mail 服务器等。作为企业安全运维工程师，现出于对安全要求，需要对以上 3 台服务器进行安全加固，具体要求如下。

1. IIS 安全加固

1）配置 IIS 服务器，安装 Web 应用。
2）配置"表单验证"为"加密和验证"。
3）配置 IIS 服务器，禁用 TRACE、ADD 及 DELETE 请求方法。

2. FTP 安全加固

1）配置 FTP 服务，禁用匿名登录。

2）配置 FTP 服务，禁用全局虚拟目录。

3）指定访问源 IP 地址为 192.168.111.101。

3. Mail 安全加固

使用 hMailServer 配置反病毒功能。

4. 日志配置

1）hMailServver 启用日志功能，记录 SMTP、POP3 及 IMAP 的日志。

2）配置 Web 日志文件格式为 W3C。

3）配置 Web 日志文件记录字段，使日志记录日期、时间、客户端 IP 地址、用户名、服务器 IP 地址、服务器端口、方法、URI 资源、协议状态、协议子状态、所用时间、用户代理、Cookie 以及引用网站。

4）配置每天更新 Web 日志，并使用本地时间进行文件命名和滚动更新。

5）配置 FTP 登录尝试限制为启用，并设置最大登录失败次数为 7 次，限制时间为60 秒。

6）配置 FTP 每个站点配置一个单独的日志文件。

7）配置 FTP 日志，选择 W3C 字段，在日志中记录访问的日期、时间、客户端 IP 地址、服务器、方法、URI 资源、协议状态、服务器端口以及客户端端口。

项目总结

　　通过对上述项目中的安全加固及日志配置的正确操作实施，提高了企业中各个应用服务器的安全性。Web 应用安全层面，通过验证以及禁用部分请求的方式，有效降低了站点被攻击的风险；FTP 安全层面，通过禁用匿名登录、全局虚拟目录以及指定源访问的方式，有效隔离了恶意用户访问的风险；Mail 安全层面，通过 hMailServer 的反病毒配置，有效过滤了威胁邮件的转发；日志层面，通过对各个应用服务日志记录的配置，有效提高了后续入侵排查及溯源的工作。

课后习题

一、选择题

1. 系统安全主要是指（　　）。

　　A. 应用系统安全

B.　硬件系统安全

C.　通信系统安全

D.　操作系统安全

2.　用户收到了一封可疑的电子邮件，要求提供银行账户及密码，这属于（　　）攻击手段。

A.　钓鱼

B.　暗门

C.　缓存溢出

D.　DDoS

3.　以下命令中，可以查看 Windows 安全日志的是（　　）。

A.　wevtutil

B.　systeminfo

C.　dsquery

D.　cmd

4.　Windows 的密码策略有一项安全策略就是要求密码必须符合复杂性要求，如果启用此策略，那么用户 Administrator 拟选取的密码中符合此策略的是（　　）。

A.　123456

B.　Admin1234

C.　Abcd123

D.　Admin@

5.　下列不属于 Windows 系统安全机制的是（　　）。

A.　认证机制

B.　访问控制机制

C.　审计/日志机制

D.　用户加密机制

6.　在 IIS 安全配置中，不属于目录安全性选项的是（　　）。

A.　用户级别限制

B.　安全通信

C.　IP 地址及匿名限制

D.　应用程序设置

7.　在 IIS 安全配置中，默认 Web 站点属性对话框中的"主目录"选项的分配方式不包括（　　）。

A.　重定向到 URL

B.　此计算机上的目录

C.　在"本地路径"文本框中输入或单击"浏览"按钮可以指定本地主目录路径

D.　另一计算机上的共享位置

8. 下列关于 IIS 的安全配置的说法中，不正确的是（　　　）。

    A. 在虚拟目录上设置访问控制权限

    B. IIS 设置最好和系统在一个分区

    C. 关闭并删除默认站点

    D. 启用日志文件

9. 下列关于 IIS 安全配置的说法中，不正确的是（　　　）。

    A. 将网站内容移动到非系统驱动程序

    B. 重命名 IUSR 账户

    C. 禁用所有 Web 服务扩展

    D. 创建应用程序池

10. 如果需要设计一个方法对 IIS Server 进行安全配置监视，以达到公司安全策略需求，应该（　　　）。

    A. 登录到域控制器以 IIS Server 计算机账户，运行组策略结果集

    B. 在 IIS Server 上运行 MBSA 分析系统弱点和 IIS 检查

    C. 在 IIS Server 上运行配置与分析工具用自定义安全模块去分析安全设置

    D. 在 IIS Server 上按照命令提示跟输出分析去运行 gpresult 命令

二、判断题

1. 所谓 IIS 的安全配置，就是将网站内容移动到非系统磁盘驱动器。（　　　）

2. 如果打算使用 FTP 服务，就必须打开 21 端口。（　　　）

3. IIS 安全日志不可以输出为 SQL 格式。（　　　）

4. 在初安装 IIS 时，应检查 sh 是否有不必要的"Web 服务拓展"。（　　　）

5. IIS 不能配置访问 IP 地址限制。（　　　）

6. 通过正当邮件地址发送的邮件一定是安全的。（　　　）

7. IIS 可以使用 HTTP 服务。（　　　）

8. IIS 状态码返回 500 是服务器内部错误。（　　　）

三、简答题

1. 简述 IIS 的作用。

2. 简述如何查看 IIS 日志。

学习情境

信息安全主要包括 5 个方面的内容，即保证信息的保密性、真实性、完整性、未授权拷贝和所寄生系统的安全性。信息安全本身包括的范围很大，其中包括如何防范商业企业机密泄露、防范青少年对不良信息的浏览、个人信息的泄露等。

网络环境下的信息安全体系是保证信息安全的关键，包括计算机安全操作系统（Uni-NAC、DLP 等）、各种安全协议以及安全机制（数字签名、消息认证、数据加密等）。

学习目标

知识目标

1）了解常见杀毒软件的配置方法。

2）掌握操作系统网络信息相关命令。

3）了解上网策略的配置方法。

4）了解网络攻击入侵排查的基本原理及方法。

技能目标

1）能根据国家相关法律法规，履行网络安全义务，安全管理企业互联网应用。

2）能根据国家相关法律法规，对企业互联网涉及的各类信息（如公民个人信息等）实施保护。

3）能根据国家相关法律法规和企业信息安全需求，安全管理企业员工的网络行为。

4）能根据国家相关法律法规和企业信息安全需求，识别、处理违法有害信息。

相关知识

　　某著名网络公司曾被曝出利用安卓与苹果手机上的许多相关服务追踪用户活动，并存储用户位置信息，即使用户关闭位置服务，该公司仍能获取用户的位置信息。此外，还有多家知名企业也曾经发生类似事件。近年来，接连有知名搜索引擎及社交网站被曝出数千万甚至上亿的用户数据遭窃取或泄露，不仅导致相关企业股价大跌、市值蒸发，更是引发社会对这些企业安全责任感的强烈不满与抗议；而国内某视频网站也曾遭遇黑客攻击，近千万个人用户数据外泄……

　　从以上事例可以看出，在如今的大数据时代，数据蕴藏的大量价值推动着数据信息的获取途径的挖掘。但伴随信息技术发展而来的却是越发频繁的信息泄露事件，这一切都在提醒着人们需要关注与信息安全相关的重大问题。为了保证信息安全，应当做到以下几点：

　　1）分类设置安全密码。

　　2）数据的备份与恢复。

　　3）权限的访问控制等。

任务 8-1　配置杀毒软件

任务描述

　　某台计算机需要安装杀毒软件并进行安全配置，具体要求如下：

　　1）安装火绒杀毒软件。

　　2）开启高级防护下的自定义防护。

　　3）开启高级防护下的 IP 地址黑名单，并添加"192. 168. 19. 19"。

　　4）开启高级防护下的 IP 协议控制，并配置禁止任何用户 ping 入本机。

知识准备

　　ping 命令用于确定本地主机是否能与另一台主机成功交换（发送与接收）数据包，再根据返回的信息，就可以推断 TCP/IP 参数是否设置正确，以及运行是否正常、网络是否通畅等。ping 命令可以进行以下操作：

　　1）通过将 ICMP（Internet 控制消息协议）回显数据包发送到计算机并侦听回显回复数据包来验证与一台或多台远程计算机的连接。

　　2）每个发送的数据包最多等待 1 秒。

　　3）打印已传输和接收的数据包数。

需要注意的是，ping 成功并不一定就代表 TCP/IP 配置正确，有可能还要执行大量的本地主机与远程主机的数据包交换，才能确定 TCP/IP 配置的正确性。如果执行 ping 命令成功而网络仍无法使用，那么问题很可能出在网络系统的软件配置方面，即 ping 成功只保证当前主机与目的主机间存在一条连通的物理路径。

任务实施

微课 8-1
配置杀毒软件

1. 安装并开启火绒杀毒软件

1）单击安装文件，打开火绒杀毒软件安装界面，单击"极速安装"按钮，如图 8-1 所示。

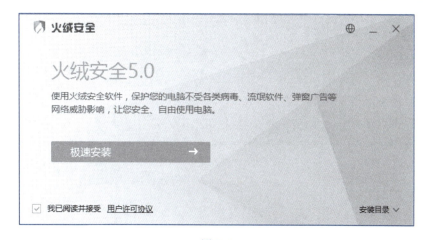

图 8-1

安装成功后的界面如图 8-2 所示。

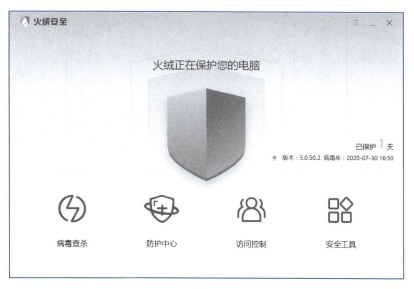

图 8-2

2）单击主界面中的"防护中心"，选择开启"自定义防护"项，如图 8-3 所示。

图 8-3

2. 开启 IP 地址黑名单

1）在"防护中心"中开启"IP 黑名单"项，如图 8-4 所示。

图 8-4

2）导入 IP 地址黑名单，并单击"添加规则"按钮，如图 8-5 所示。

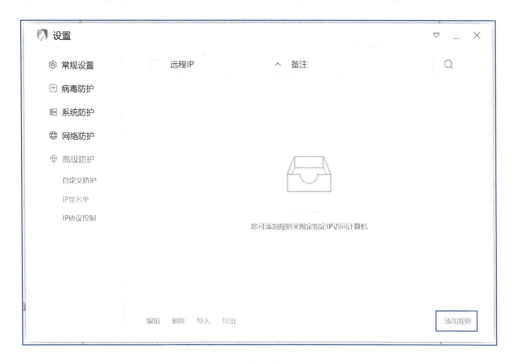

图 8-5

3）输入要禁用的 IP 地址并选填备注，单击"保存"按钮即可，如图 8-6 所示。

图 8-6

3. 选择 IP 协议控制

1）在"防护中心"中开启"IP 协议控制"项，如图 8-7 所示。

图 8-7

2）在"规则模板"处选择"禁止 PING 入"项，单击"保存"按钮，如图 8-8 所示。

图 8-8

任务 8-2　查看网络信息

任务描述

作为某公司的安全运维技术人员，应该能够监控计算机应用网络的运行状态，了解每个网络连接所对应的运行程序，同时能够通过日志文件来分析网络连接所发生的时间。本任务具体要求如下：

1）通过 cmd 命令查看当前的网络配置，要求可以显示网卡的 MAC 地址、IP 地址、网关以及 DNS 配置，将结果输出至桌面命名为 message.txt。

2）访问本地的 Web 站点，并通过 cmd 命令查看对应的"ESTABLISHED"网络行为，要求可以显示协议、本地地址、外部地址、状态、PID 这 5 项，将结果输出至桌面命名为 message2.txt。注意：若出现"ESTABLISHED"连接消失的情况，则清空 IE 缓存，重启 IE 重新访问该站点。

3）通过 IIS 提供的日志文件位置，查看 Web 日志文件，检索第一次连接本地站点成功的时间。

知识准备

ipconfig 相关参数介绍

/all：当使用 all 选项时，ipconfig 能为 DNS 和 WINS 服务器显示它已配置且所要使用的附加信息（如 IP 地址等），并显示内置于本地网卡中的物理地址（MAC）。如果 IP 地址是从 DHCP 服务器租用的，ipconfig 将显示 DHCP 服务器的 IP 地址和租用地址预计失效的日期。

任务实施

微课 8-2
查看网络信息

1. 输出网络信息到 message 文件

1）在操作系统中打开 cmd 命令窗口，输入如下命令：

```
ipconfig /all >> C:\Users\Administrator\Desktop\message.txt
```

2）在打开的 message.txt 文件中可找到相关的系统 IP 信息，如图 8-9 所示。

2. 输出网站行为信息

1）单击系统"开始"按钮，在打开的"开始"菜单中选择"Windows 管理工具"→"Internet Information Services（IIS）管理器"命令，打开 IIS 管理器，如图 8-10 所示。

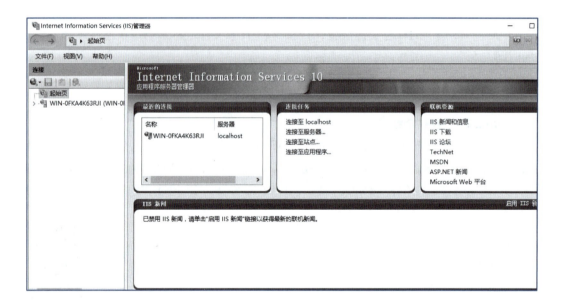

图 8-9

图 8-10

2）选择默认服务器并在右侧窗格中单击"查看网站"按钮，如图 8-11 所示。

3）打开默认站点后，单击右侧窗格中的"浏览 ∗:80（http）"按钮，如图 8-12 所示。

输入如下命令：

```
netstat -ano |findstr "ESTABLISHED" >> C:\Users\Administrator\Desktop\message2. txt
```

图 8-11

图 8-12

4）在桌面上打开 message2. txt 文件，即可找到相关网站行为信息，如图 8-13 所示。

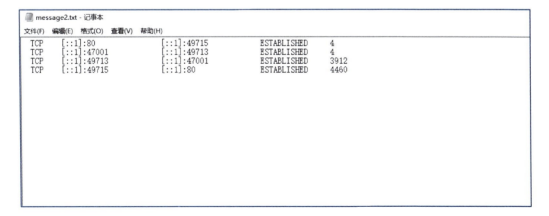

图 8-13

3. 日志分析

在 C：\inetpub\logs\LogFiles\W3SVC1 目录下查看日志，标注出的即为登录信息，如图 8-14 所示。

图 8-14

任务 8-3 配置安全上网策略

任务描述

作为某公司的安全运维技术人员，需要能够通过"火绒安全软件"正确设置服务器的病毒防护策略，从服务器安全层面对 URL 进行过滤，同时针对一些应用程序配置上网策略。具体要求如下：

1）对"火绒安全软件"的"病毒防护"功能进行配置。

● 当文件执行、读写、修改等操作时进行扫描。

● 开启"勒索病毒诱捕"功能。

● 深度查杀 U 盘、下载文件中压缩包的病毒文件。

2）对"火绒安全软件"的"网络防护"功能进行配置，禁止使用该计算机的用户访问指定 URL 的站点。

知识准备

勒索病毒性质恶劣、危害极大，一旦感染将给用户带来无法估量的损失。这种病毒利用各种加密算法对文件进行加密，被感染者一般无法解密，必须拿到解密的私钥才有可能破解。

勒索病毒文件一旦进入本地，就会自动运行，同时删除勒索软件样本，以躲避查杀和分析。接下来，勒索病毒利用本地的互联网访问权限连接至黑客的服务器，进而上传本机信息并下载加密私钥与公钥，利用私钥和公钥对文件进行加密，除了病毒开发者本人，其他人是几乎不可能解密的。加密完成后，病毒还会修改壁纸，在桌面等明显位置生成勒索提示文件，指导用户去缴纳赎金。另外，这种病毒的变种类型非常快，对常规的杀毒软件都具有免疫性，攻击的样本以 exe、js、wsf、vbe 等格式类型为主，对常规依靠特征检测的安全产品是一个极大的挑战。

任务实施

微课 8-3
配置安全上网策略

1. 配置"病毒防护"功能

1）打开火绒杀毒软件，单击右上角的"菜单"按钮，选择"安全设置"命令，如图 8-15 所示。

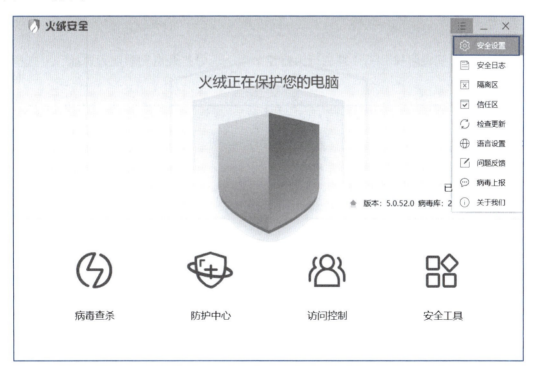

图 8-15

2）选择"病毒防护"→"文件实时监控"项，在右侧选中"文件发生所有操作时扫描，占用较多系统资源"单选按钮，如图 8-16 所示。

图 8-16

3）选择"病毒防护"→"恶意行为监控"项，选中"开启勒索病毒诱捕"复选框，如图 8-17 所示。

图 8-17

4）选择"病毒防护"→"U 盘保护"项，选中"深度查杀压缩包中的木马病毒，并跳过大于 20 MB 的压缩包（20 MB~9999 MB）"复选框，如图 8-18 所示。

图 8-18

5）选择"病毒防护"→"下载保护"项，选中"深度查杀压缩包中的木马病毒，并跳过大于 20 MB 的压缩包（20 MB~9999 MB）"复选框，如图 8-19 所示。

图 8-19

2. 配置网站防护功能

1）单击火绒杀毒软件主页面中的"防护中心"功能后，开启"网络防护"→"恶意网址拦截"功能，如图 8-20 所示。

图 8-20

2）选择"恶意网址拦截"项，单击"添加规则"按钮，输入要拦截的网站，如图 8-21 和图 8-22 所示。

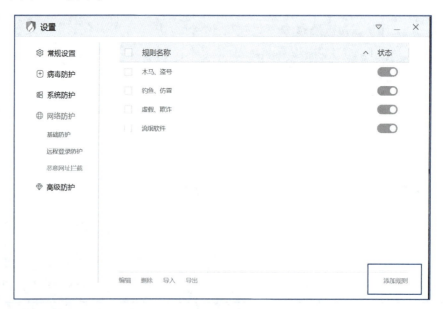

图 8-21

图 8-22

任务 8-4 识别恶意信息

任务描述

作为某 WordPress 博客站点的管理人员，主要负责管理站点的内容、用户评论，现在需要对站点中的非法恶意信息进行识别并处置。具体要求如下：

1）某文章或评论存在辱骂信息，请识别并删除。

2）请排查并删除该评论用户。

知识准备

电商网站、论坛中的恶意评价一般分为以下 4 种情况：

1）同行之间的恶意评价。

2）评价方利用"中评"或"差评"对被评价方做出威胁，或提出不合理的要求，如退款、降价等。

3）在评价内容中出现骂人、侮辱人的字样。

4）因为推荐物流的原因而对被评价人发起的中、差评。

当涉及侮辱他人或者是敏感词汇的话，就可能会属于违法行为。

微课 8-4
识别恶意信息

任务实施

1. 登录 WordPress 管理用户

在浏览器的地址栏中输入"127.0.0.1/8000"，即可进入 WordPress 主界面，如图 8-23

所示。

图 8-23

2. 进入 WordPress 管理界面

1）在浏览器地址栏中输入"127.0.0.1/8000/wp-admin"即可进入 WordPress 登录界面，如图 8-24 所示。

图 8-24

2）查看文章，如图 8-25 所示。

图 8-25

3）检查两条评论，发现一条为正常评论，另一条有辱骂行为，如图 8-26 所示。

图 8-26

4）查看全部用户，找到符合的违规用户名并删除该用户，如图 8-27 ~ 图 8-29
所示。

图 8-27

图 8-28

图 8-29

任务 8-5   入侵排查

任务描述

作为某 Linux 服务器的管理人员，现怀疑该服务器被恶意挂马，需要对服务器进行排查。具体要求如下：

1）服务器中部署有 Tomcat 中间件，请找到 Tomcat 下的网站根目录。

2）在网站根目录中存在可疑的压缩文件，经检查为 Webshell，请找到该文件，并确定该文件的最后修改时间。

3）现怀疑攻击者已经通过 Webshell 提权得到系统权限，并且添加了恶意用户，请检查该服务器的用户，并找到恶意用户。

4）经检查，该攻击者不止上传了一个 Webshell，请检查日志并截图。

知识准备

Webshell 就是以 ASP、PHP、JSP 或者 CGI 等网页文件形式存在的一种代码执行环境，也可以将其称作一种网页后门。黑客在入侵了一个网站后，通常会将 Webshell 后门文件与网站服务器 Web 目录下正常的网页文件混在一起，然后就可以使用浏览器来访问 Webshell 后门，得到一个命令执行环境，以达到控制网站服务器的目的。

简单来说，Webshell 是网站入侵的脚本攻击工具，黑客通过入侵网站上传 Webshell 后获得服务器的执行操作权限，如执行系统命令、窃取用户数据、删除 Web 页面、修改主页等，其危害不言而喻。

任务实施

微课 8-5
入侵排查

1）通过 ps -ef｜grep tomcat 命令查找到 Tomcat 目录为 home/ctf/apache-tomcat-7.0.91，到该目录下发现其网站根目录为 webapps，如图 8-30 所示。

图 8-30

2）分析 home/ctf /apache-tomcat-7.0.91 /logs/localhost_access_log.2018-11-15.txt 日志可以发现黑客对/JspWar 目录进行访问，同时查看该目录中文件的修改时间，如图 8-31 所示。

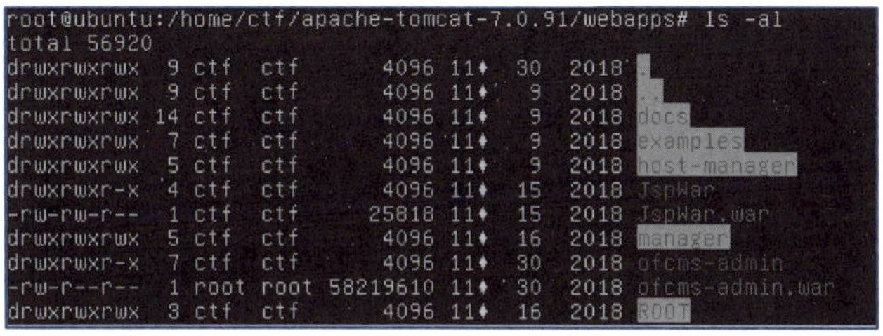

图 8-31

3）通过命令 cat /etc/passwd 查看所有用户，查找到可疑用户 gu3st，如图 8-32 所示。

4）查看 home/ctf /apache-tomcat-7.0.91/logs/localhost_access_log.2018-11-16.txt 中这条日志消息，可得到另外一个 Webshell 位置为/manager/1.jsp，如图 8-33 所示。

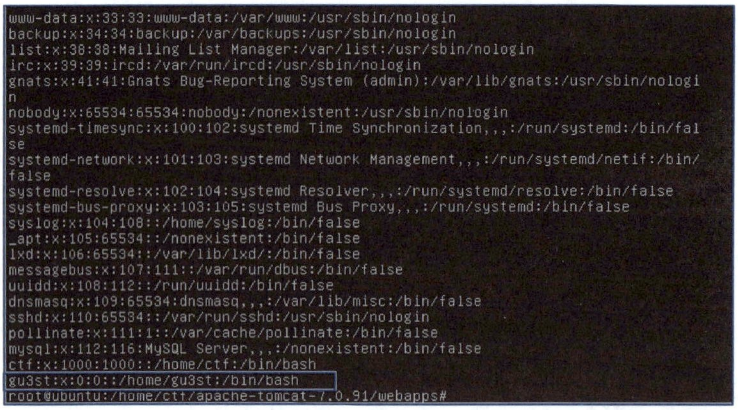

图 8-32

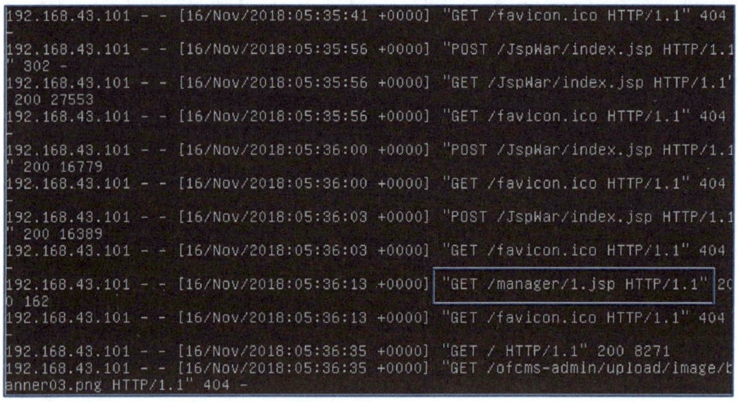

图 8-33

项目实训

　　作为公司站点的运维人员，现接到用户举报，有人在发表恶意评论。登录该 Web 服务器进行日志审计，意外发现 Apache 产生的日志异常，因此怀疑有黑客入侵，需要及时进行应急排查。

1. 入侵排查

1）服务器中部署有 Tomcat 中间件，请找到 Tomcat 下的网站根目录。

2）在网站根目录中存在可疑的压缩文件，经检查为 Webshell，请找到该文件，并确定该文件的最后修改时间。

3）现怀疑攻击者已经通过 Webshell 提权得到系统权限，并且添加了恶意用户，请检查该服务器的用户并找到恶意用户。

4）经检查，该攻击者不止上传了一个 Webshell，请检查日志并截图。

2. 内容审计

1）某文章或评论存在辱骂信息，请识别并删除。
2）请排查并删除该评论用户。

项目总结

通过对本项目的学习，学生应当了解杀毒软件的基本配置方法，掌握系统及 Web 站点的网络信息的查看方法，并针对上网策略进行配置；同时，可以识别网络中的恶意信息，针对所管理的 Web 站点的恶意内容进行处理，并可以对攻击者发起的恶意攻击行为进行入侵行为排查，取得相关攻击证据。

课后习题

一、选择题

1. 以下不属于信息安全管理员职责的是（　　　）。
   A. 制定网络设备安全配置规则
   B. 对信息安全产品的购置提出建议
   C. 对系统管理员的操作行为进行指导和监督
   D. 负责信息安全保障工作的具体组织协调

2. 在管理工具中（　　　）选项是进行信息服务安全配置操作的。
   A. Internet 服务管理器
   B. 计算机管理
   C. 本地安全策略
   D. 配置服务器

3. 以下不属于信息安全特性的是（　　　）。
   A. 保密性
   B. 对称性
   C. 可用性
   D. 信息完整性

4. 《中华人民共和国网络安全法》规定网络运营者收集、使用个人信息，应当遵循

（　　）的原则，公开收集、使用规则，明示收集、使用信息的目的、方式和范围，并经被收集者同意。

    A. 合法、正当、必要

    B. 合理、正当、公开

    C. 合法、公开、严格

    D. 合理、保密、必要

5. 信息系统安全的核心问题是（　　）。

    A. 单机安全

    B. 网络安全

    C. 信息安全

    D. 应用安全

6. 信息安全的发展经过 4 个历史阶段，依次为（　　）。

    A. 通信安全阶段、信息安全阶段、计算机安全阶段、信息安全保障阶段

    B. 计算机安全阶段、信息安全阶段、通信安全阶段、信息安全保障阶段

    C. 通信安全阶段、计算机安全阶段、信息安全阶段、信息安全保障阶段

    D. 计算机安全阶段、通信安全阶段、信息安全阶段、信息安全保障阶段

7. 关于信息安全应急响应，以下说法中错误的是（　　）。

    A. 信息安全响应通常是指一个机构为了应对各种信息安全意外事件的发生所做的准备以及在事件发生后所采取的措施

    B. 信息安全应急响应工作流程主要包括预防预警、事件报告与先期处置、应急处置、应急结束

    C. 我国信息安全事件预警等级分为 4 级

    D. 当信息安全事件得到妥善处置后，可按照程序结束应急响应，应急响应结束由处于响应状态的各级信息安全应急指挥机构提出建议，并报同级政府批准后生效

8. 信息安全保障强调安全是动态的安全，意味着（　　）。

    A. 信息安全是一个不确定的概念

    B. 信息安全是一个主观的概念

    C. 信息安全必须覆盖信息系统整个生命周期

    D. 信息安全知识保证信息系统在有限物理范围内的安全

9. 以下不属于信息安全服务的是（　　）。

    A. 为政府单位信息系统进行安全方案设计

    B. 在信息安全公司从事保安工作

    C. 在公开场所宣讲安全知识

    D. 在学校讲解信息安全课程

10. 以下对信息安全的理解中，正确的是（　　）。

A. 保证信息资产的保密性、完整性和可用性

B. 通过信息安全保障措施，确保信息不丢失

C. 通过技术保障措施，确保信息系统以及财务数据的完整性、机密性以及可用性

D. 通过信息安全保证措施，确保固定资产及相关财务信息的完整性

二、判断题

1. 安全信息系统中最重要的安全隐患是配置审查。　　　　　　　　　　（　　）

2. 安全信息分为安全事故信息、设备故障信息、安全检查信息、安全动态信息和安全管理信息等。　　　　　　　　　　　　　　　　　　　　　　　　　　（　　）

3. 信息安全系统工程是建造一个信息安全系统，是整个信息系统工程的一部分，而且是与业务应用信息系统工程同步进行的。　　　　　　　　　　　　　　　（　　）

4. 信息安全涉及计算机技术和网络技术。　　　　　　　　　　　　　　（　　）

5. 信息安全只是要保证网络中传输信息的安全性。　　　　　　　　　　（　　）

6. 信息安全必须覆盖信息系统的整个生命周期，随着安全风险的变化有针对性地进行调整。　　　　　　　　　　　　　　　　　　　　　　　　　　　　　（　　）

7. 物理安全是指物理介质层次上对存储的网络信息的安全保护。　　　　（　　）

8. 信息安全的目的是为了保证计算机能持续稳定运行。　　　　　　　　（　　）

三、简答题

1. 如何保证网络信息安全的传输安全？

2. 什么是信息安全风险？

学习情境

数据作为信息的表现形式和载体，可以是符号、文字、数字、语音、图像或视频等。数据可以是连续的值，如声音、图像，称为模拟数据；也可以是离散的，如符号、文字，称为数字数据。在计算机系统中，数据以二进制信息单元 0、1 的形式表示。随着网络产生的数据量不断增加，数据安全处理也进入人们的视线。数据安全处理是指如何有效地防止数据在操作过程中由于硬件故障、断电、死机、人为的误操作、程序缺陷、病毒或黑客等造成的数据库损坏或数据丢失现象，以及某些敏感或保密的数据可能被不具备资格的人员或操作员阅读，从而造成数据泄密等后果。

学习目标

知识目标

1）了解数据保密措施。
2）了解数据加解密策略。
3）了解应用备份、恢复策略。
4）了解数据存储、销毁策略。

技能目标

1）学会对各类数据实施保护。
2）学会配置常用的数据对称加密，非对称加密策略。
3）学会对数据的备份。

4）学会在误删数据的情况下，恢复数据操作。

5）学会数据的分级存储操作。

6）学会在数据冗余时，对数据的销毁操作。

7）学会处理环境时保证数据处理环境安全。

相关知识

随着大数据时代的到来，数据已经"渗透"到每一个行业和业务职能领域，成为当今世界最重要的生产因素。基于大数据的处理操作越来越多，但是却鲜有人关注数据处理过程中的安全性。数据作为支撑前沿技术、高新产业存在与发展的生产资料，已经成为组织的核心资产，受到前所未有的重视与保护。数据处理的安全问题将引发企业和社会决策的安全问题，目前已成为企业资产安全性、个人隐私安全性、国家和社会安全的核心问题。

数据处理，顾名思义，就是对数据进行操作、加工、分析等过程，此阶段对数据接触的最深入，所以安全风险也比较大。数据处理安全过程就是为了解决数据处理过程中的安全问题，降低该阶段的安全风险。该过程包含 4 个过程域，分别为数据脱敏、数据分析安全、数据正当使用、数据处理环境安全。

由于数据的敏感性，很多恶意攻击者会采用窃取数据等方式进行恶意攻击。同时，由于操作者自身操作不当也会使得数据处理过程中的安全性受到挑战。在操作时，由于硬件故障、断电、死机、人为误操作等都可能造成数据库的损坏或数据的丢失。

数据安全处理是以"让数据使用更安全"为目的的安全体系构建的方法论，核心内容包括以下几个方面：

1）满足数据安全保护、合规性、敏感数据管理 3 个需求目标。

2）数据安全处理核心理念包括分级分类、角色授权以及场景化安全。

3）数据安全处理的建设步骤包括组织构建、资产梳理、策略制定、过程控制、行为稽核和持续改善。

4）数据安全处理核心实现框架为数据安全人员组织、数据安全使用的策略和流程、数据安全技术支撑三大部分。

为了避免数据在处理过程中由于一些特殊原因导致安全性受到威胁，数据操作人员应该做到对数据敏感操作的控制，在保证数据做好备份的前提下执行操作。同时对不再使用的数据也要采取一定的安全措施进行彻底删除，将数据的磁记录信号从磁盘上彻底删除，从而无法使用任何安全手段恢复。

任务 9-1　对企业的文件实施保护并压缩

任务描述

企业某台计算机中有一个名为 measurement 的文件夹存放在计算机桌面上，文件夹内存放了名为 measurement. doc 的公司秘密文件。为防止文件被其他无关人员查看或传输过程中发生泄露事件，需要完成以下任务：

1）对 measurement. doc 文件进行加密保存。

2）利用工具算出 measurement. doc 文件的哈希值，保存在 hash. txt 文本中，并存放在 measurement 文件夹下。

3）将 measurement 文件夹通过压缩工具进行加密压缩，重命名为"测试文件夹"并保存在桌面。

知识准备

1. 文件哈希值的概念

哈希（Hash）值是通过对文件内容进行加密运算得到的一组二进制值，其主要用途是进行文件校验或数字签名。正是因为这样的特点，它也常常被用来判断两个文件是否相同。

例如，从网络上下载某个文件，只要把这个文件原来的哈希值同下载后得到的文件的哈希值进行对比，如果相同，则表示两个文件完全一致，下载过程没有损坏文件；如果不一致，则表明下载得到的文件跟原来的文件不同，文件在下载过程中受到了损坏。

2. 文件压缩的概念以及应用

由于计算机处理的信息是以二进制数的形式表示的，因此压缩就是把二进制信息中相同的字符串以特殊字符标记来达到缩小文件大小的目的。

总体来说，压缩可以分为有损和无损两种。如果丢失个别的数据不会造成太大的影响，这时忽略它们是可以接受的，这就是有损压缩；但是大多数情况都是要求无损压缩，即压缩数据必须准确无误。

利用压缩软件压缩后所生成的文件称为压缩包，一般其大小只有原文件的几分之一甚至更小。如果想使用其中的数据，首先得用压缩软件把数据还原，这个过程称作解压缩。常见的压缩软件有 WinZIP、WinRAR 等。

任务实施

微课 9-1
对企业的文件
实施保护并压
缩

1. 对 doc 文件的加密保存

1）使用文字编辑软件 WPS 打开 measurement.doc 文件，如图 9-1 所示。

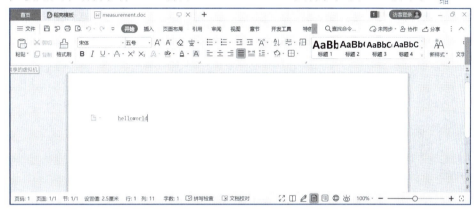

图 9-1

2）在菜单栏中选择"文件"→"选项"命令，如图 9-2 所示。

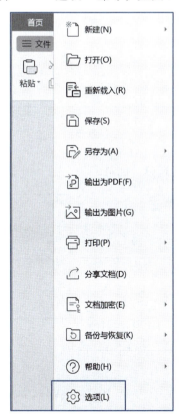

图 9-2

3）在打开的"选项"对话框中，选择"安全性"选项卡，设置文件保护密码，如图 9-3 所示。

图 9-3

4）单击"确定"按钮，保存设置即可。

2. 使用工具计算文件的哈希值

1）使用快捷键 Win+R 打开"运行"窗口，输入 powershell 命令打开计算工具，如图 9-4 所示。

2）通过输入命令"cd Desktop"进入到桌面目录下，再执行命令"Get-FileHash. \ 文件名"完成对文件的哈希计算，如图 9-5 所示。

图 9-4

3）复制文件哈希值到 hash. txt 文件中，并保存到 measurement 文件夹下，如图 9-6 所示。

图 9-5

图 9-6

3. 压缩文件夹

1）右击要压缩的 measurement 文件夹，在弹出的快捷菜单中选择"发送到"→"压缩（zipped）文件夹"命令，如图 9-7 所示。

2）生成压缩文件后，重命名为"测试文件夹"即可，如图 9-8 所示。

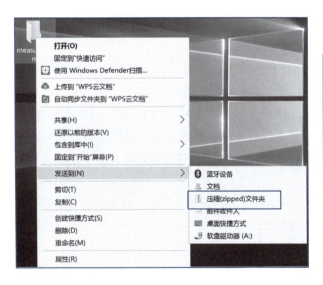

图 9-7

图 9-8

任务 9-2　配置适当的硬盘数据保护策略

任务描述

公司为了避免硬盘损坏带来的资料丢失风险，现需要对服务器上存储的资料进行安全管理。具体要求如下：

1）对该服务器的磁盘卷配置存储池，命名为 Test。

2）配置 RAID-5 卷，大小为 30 GB，命名为 F 盘。

知识准备

1. 存储池的基础概念

存储池是 Data Protection Manager（DPM）服务器在其中存储副本、卷影副本和传输日志的一组磁盘。存储池可以把多块物理磁盘整合起来使用，例如有多个阵列，可以整合成一个存储池。存储空间是把存储池进行分区使用，如果把存储池比作硬盘，存储空间就好比是分区，不同的是，硬盘不够用了，那分区大小就只能这么大了，而存储池可以添加硬盘，即扩大存储池的空间，然后就可以再扩展存储空间。

另外，如果存储池中有一个阵列损坏了，更换新硬盘修复后整个存储池的数据不会受到影响。

2. RAID 5 阵列

RAID 5 是一种存储性能、数据安全和存储成本兼顾的存储解决方案，可以理解为是 RAID 0 和 RAID 1 的折中方案。RAID 5 可以为系统提供数据安全保障，其保障程度要比 Mirror 低但磁盘空间利用率要比 Mirror 高。RAID 5 具有和 RAID 0 相近似的数据读取速度，只是多了一个奇偶校验信息，写入数据的速度比对单个磁盘进行写入操作稍慢。同时，由于多个数据对应一个奇偶校验信息，RAID 5 的磁盘空间利用率比 RAID 1 高，存储成本相对较低，是运用较多的一种解决方案。

RAID 5 把数据和相对应的奇偶校验信息存储到组成 RAID 5 的各个磁盘上，并且奇偶校验信息和相对应的数据分别存储于不同的磁盘上，其中任意 N-1 块磁盘上都存储完整的数据，也就是说有相当于一块磁盘容量的空间用于存储奇偶校验信息。因此当 RAID 5 的一个磁盘发生损坏后，不会影响数据的完整性，从而保证了数据安全。当损坏的磁盘被替换后，RAID 还会自动利用剩下奇偶校验信息去重建此磁盘上的数据，来保持 RAID 5 的高可靠性。

需要注意的是，组成 RAID 5 阵列的所有磁盘的容量必须一样大，当容量不同时，会以最小的容量为准。最好硬盘转速也一样，否则会影响性能，而且可用空间=磁盘数-1。RAID 5 没有独立的奇偶校验盘，所有校验信息分散放在所有磁盘上，只占用一个磁盘的容量。

任务实施

微课 9-2
配置适当的硬
盘数据保护策
略

1. 为该服务器配置存储池

1）单击系统桌面"开始"按钮，在打开的"开始"菜单中选择
"Windows Server"→"服务器管理器"命令。在打开的"服务器管理器"窗
口中，选择"文件和存储服务"→"卷"→"存储池"项，单击右上角的"任务"按
钮，在弹出的下拉菜单中选择"新建存储池"命令，如图 9-9 和图 9-10 所示。

图 9-9

图 9-10

2）在打开的"新建存储池向导"窗口中，输入存储池名称及描述，然后单击"下一步"按钮，如图 9-11 所示。

图 9-11

3）在"选择存储池的物理磁盘"页面中，选中所需的物理磁盘，然后单击"下一步"按钮，如图 9-12 所示。

图 9-12

4）确认无误后，单击"创建"按钮即可创建存储池，如图 9-13 所示。

图 9-13

存储池创建完成后如图 9-14 所示。

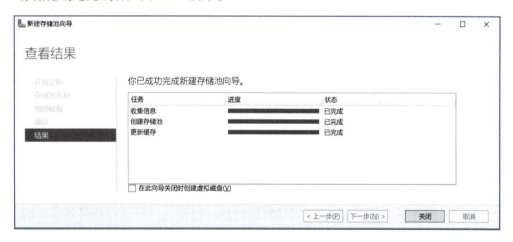

图 9-14

2. 配置 RAID-5 卷

1）使用快捷键 Win+R 打开"运行"对话框，输入 diskmgmt. msc 命令打开主机的"磁盘管理"窗口。在现有的 3 个动态磁盘的基础上右击磁盘，在弹出的快捷菜单中选择"新建 RAID-5 卷"命令，如图 9-15 所示。

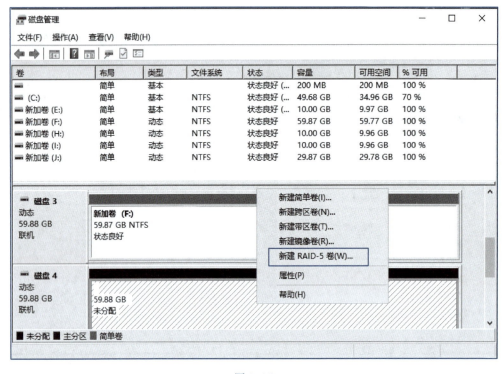

图 9-15

2）选择 RAID-5 卷所要占用的磁盘。在"可用"列表框中选择一块磁盘后，单击"添加"按钮，将其加入"已选的"列表框中，如图 9-16 所示。

图 9-16

3）为新建 RAID-5 卷分配驱动器号"F"，并单击"下一步"按钮，如图 9-17 所示。

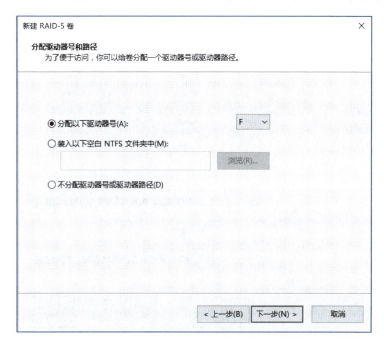

图 9-17

4）配置 RAID-5 卷的属性，并单击"下一步"按钮，如图 9-18 所示。

图 9-18

5）重复步骤1，打开"磁盘管理"窗口，即可看到配置成功的RAID-5卷，如图9-19所示。

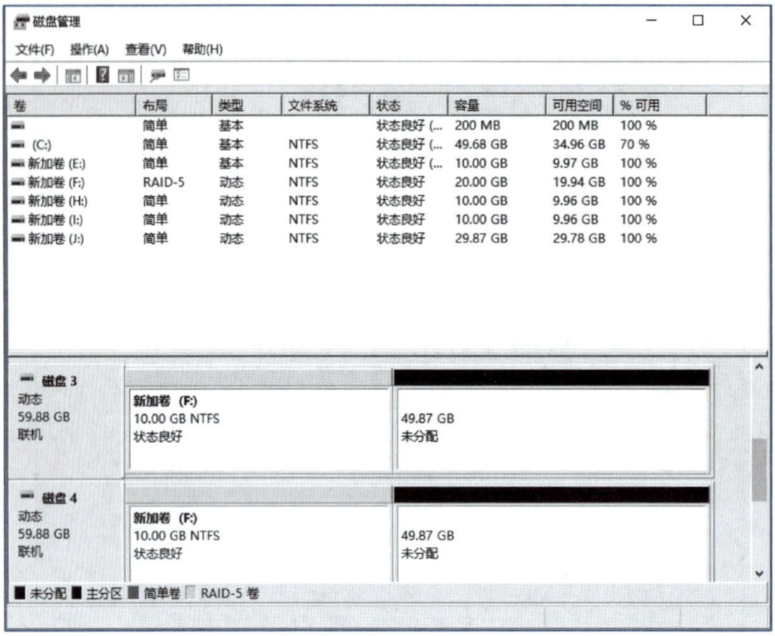

图 9-19

任务 9-3　配置、应用合适的数据恢复策略

任务描述

某企业运维人员不小心将刚编辑好的报表文件"设备密码.xlsx"执行了永久删除。已知该文件删除前存放于 D 盘中，作为该企业的网络安全管理员，请利用数据恢复软件 Finaldata 帮助运维人员找回误删的文件，并保存在 J 盘内。

知识准备

1. Windows 删除文件的基本概念

硬盘驱动器里面有一组盘片，数据就保存在盘片的磁道（Track）上，磁道在盘片上呈同心圆分布，读/写磁头在盘片的表面移动访问硬盘的各个区域，因此文件可以随机分布到磁盘的各个位置，同一文件的各个部分不一定要顺序存放。

存放在磁盘上的数据以簇为分配单位，簇的大小因操作系统和逻辑卷大小的不同而不同。如果一个硬盘的簇大小是 4 KB，那么保存 1 KB 的文件也要占用 4 KB 的磁盘空间。大的文件可能占用多达数千、数万的簇，分散到整个磁盘上，操作系统的文件子系统负责各个部分的组织和管理。

当前，Windows 支持的硬盘文件系统共有 3 种。第 1 种是 FAT，即所谓的文件分配表（File Allocation Table），这是最古老的文件系统，从 DOS 时代开始就已经有了；Windows 95 引入了第 2 种文件系统，即 FAT 32；Windows NT 4.0 则引入了第 3 种文件系统 NTFS。这 3 种文件系统的基本原理都一样，都用 1 个类似目录的结构来组织文件，目录结构包含 1 个指向文件首簇的指针，首簇的 FAT 入口又包含 1 个指向下一簇地址的指针，依此类推，直至出现文件的结束标记为止。

2. Windows 删除文件的基础概念

在 Windows 中，如果用常规的办法删除 1 个文件，其实文件本身并未被真正清除，Windows 会把该文件放入回收站，即使清空了回收站（或者不启动回收站功能），操作系统也不会真正清除文件的数据。

Windows 所谓的删除实际上只是把文件名的第一个字母改成一个特殊字符，然后把该文件占用的簇标记为空闲状态，但文件包含的数据仍在磁盘上，下次将新的文件保存到磁盘时，这些簇可能被新的文件使用，从而覆盖原来的数据。所以，只要不保存新的文件，被删除文件的数据实际上仍旧完整无缺地保存在磁盘中。

因此，可以用工具软件绕过操作系统，直接操作磁盘以恢复被删除的文件。如果不小心删除了某个重要文件，想要恢复，这时千万不要覆盖它。应该立即停用计算机，不要再向磁盘保存任何文件，包括不要把恢复工具安装到已删除文件所在的硬盘，因为任何写入磁盘的内容都有可能覆盖已删除文件释放的磁盘簇。如果必须安装恢复工具，可以安装到其他硬盘分区、软盘，或者干脆拆下硬盘到另一台计算机中去恢复。

微课 9-3
配置、应用合适的数据恢复策略

任务实施

1）打开文件恢复软件 Finaldata，其界面如图 9-20 所示。

图 9-20

2）单击"误删除文件"按钮，选择要恢复文件所在盘块，并单击"下一步"按钮，如图 9-21 所示。

请选择要恢复的文件和目录所在的位置

- 此电脑
  - 下载
  - 图片
  - 音乐
  - 桌面
  - 文档
  - 视频
  - 本地磁盘 (C:)
  - DVD 驱动器 (D:) SSS_X64FREV_ZH-CN_DV9
  - 新加卷 (F:)

下一步

图 9-21

3）选择要恢复的文件，再单击"下一步"按钮，如图 9-22 所示。

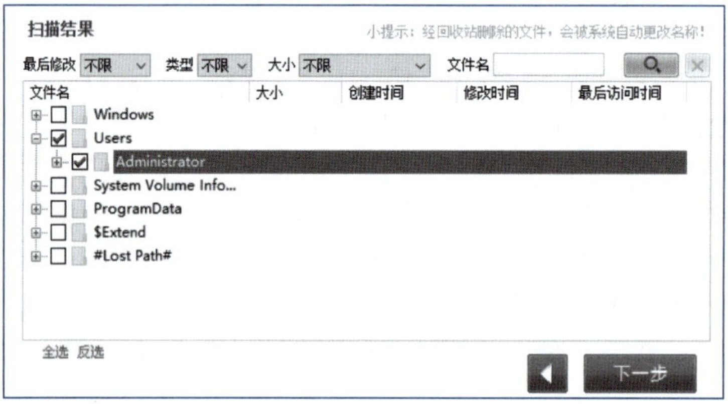

扫描结果   小提示：经回收站删除的文件，会被系统自动更改名称！

最后修改 不限   类型 不限   大小 不限   文件名 [   ] 🔍 ✕

文件名	大小	创建时间	修改时间	最后访问时间
☐ Windows				
☑ Users				
☑ Administrator				
☐ System Volume Info...				
☐ ProgramData				
☐ $Extend				
☐ #Lost Path#				

全选 反选   下一步

图 9-22

4）选择恢复路径为 F 盘目录下，单击"下一步"按钮即可，如图 9-23 所示。

选择恢复路径

请选择一个目录存放恢复出来的文件：

F:\KDR   浏 览

如果 F 盘有文件需要恢复，请另外选择目录存放恢复出来的文件。

选择恢复文件：   52   个
文件大小总计：   16.85   MB

下一步

图 9-23

任务 9-4　配置合适的硬盘文件保护策略

任务描述

企业某员工的计算机中存放着公司大量涉密信息，为防止信息泄露，现在需要对这些文件进行加密盘处理。

知识准备

使用加密软件 VeraCrypt 可以创建文件型加密卷，可以以文件形式存放在计算机上或是移动设备上，携带比较方便，是一种常用的加密形式。

微课 9-4
配置合适的硬盘文件保护策略

任务实施

1. 安装 VeraCrypt

1）双击打开 VeraCrypt 的安装界面，配置语言为"简体中文"，单击"确定"按钮，如图 9-24 所示。

2）在打开的安装向导窗口中，选中接受加密政策的复选框，并单击"下一步"按钮，如图 9-25 所示。

图 9-24

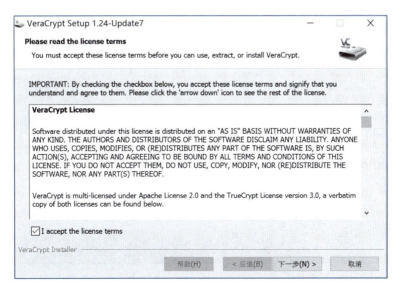

图 9-25

3）选择向导模式为"安装"，单击"下一步"按钮，如图 9-26 所示。

图 9-26

4）配置安装路径，并选择相应的安装相关参数，最后单击"安装"按钮开始安装，如图 9-27 所示。如果安装成功，则提示如图 9-28 所示。

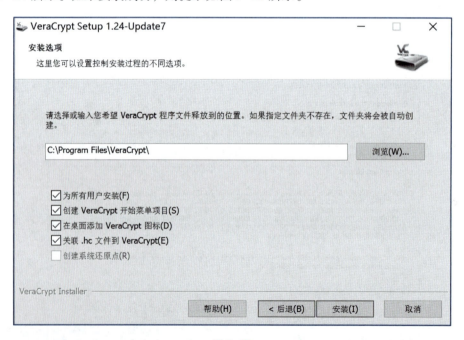

图 9-27

2. 对目标文件进行加密

1）打开 VeraCrypt，其主界面如图 9-29 所示。

2）单击"创建加密卷"按钮，在打开的"加密卷创建向导"窗口中选中"标准 VeraCrypt 加密卷"单选按钮，并单击"下一步"按钮，如图 9-30 所示。

图 9-28

图 9-29

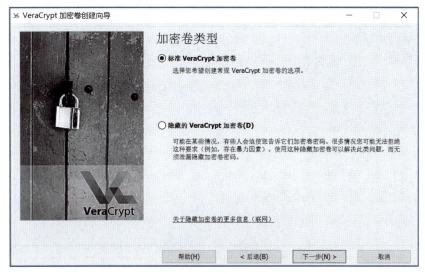

图 9-30

3）选择加密卷位置，再单击"下一步"按钮，如图 9-31 所示。

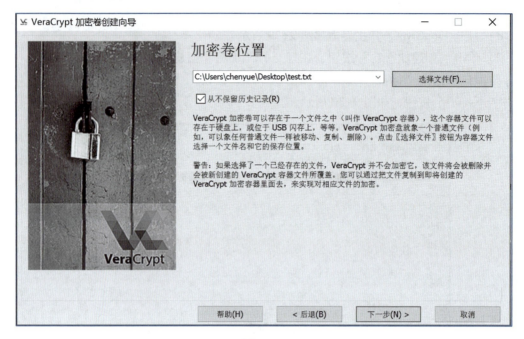

图 9-31

4）配置"加密算法"为"AES"、"哈希算法"为"SHA-512"，单击"下一步"按钮，如图 9-32 所示。

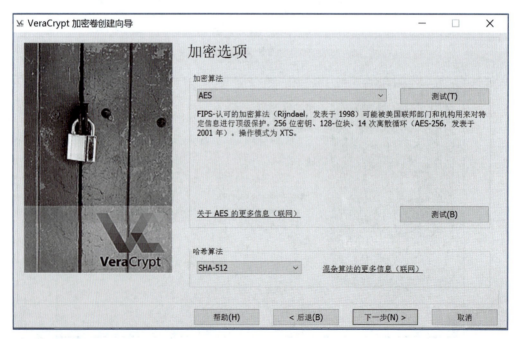

图 9-32

5）设置创建加密卷的大小为 1 GB，单击"下一步"按钮，如图 9-33 所示。

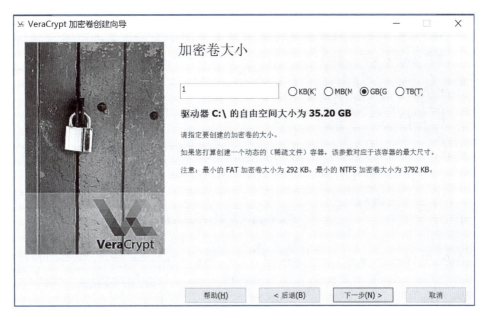

图 9-33

6）配置加密卷密码，并单击"下一步"按钮，如图 9-34 所示。

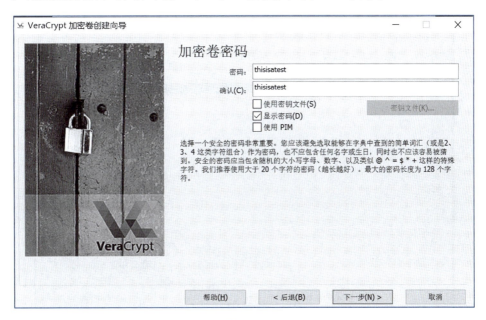

图 9-34

7）在"加密卷格式化"界面中单击"格式化"按钮，如图 9-35 所示。格式化并创建成功后，提示如图 9-36 所示。

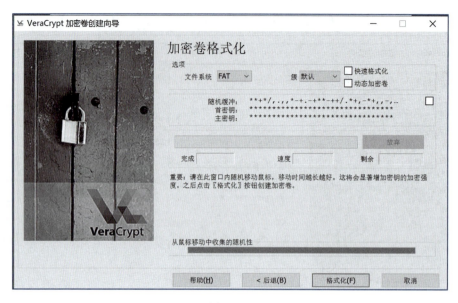

图 9-35

8）返回 VeraCrypt 主界面，单击"选择文件"按
钮，选择加密卷所在文件位置，单击"加载"按钮并
输入密码，如图 9-37 和图 9-38 所示。

图 9-36

图 9-37

图 9-38

9）将加密目标文件移入加密卷，如图 9-39 所示。

图 9-39

10）返回 VeraCrypt 主界面，再单击"卸载"按钮，卸载加密卷防止泄露数据，如图 9-40 所示。

图 9-40

任务 9-5　配置、应用合适的数据备份计划

任务描述

某企业有一重要文件存放在桌面上，为防止文件意外丢失，现需要对该文件制订备份计划。具体要求如下：

1）完成一次完全备份，保存在 J 盘中。

2）每周日对该文件进行完全备份。

3）每天 17 点 30 分对该文件进行差异备份。

知识准备

完全备份、增量备份及差异备份的区别见表 9-1。

表 9-1

	完 全 备 份	增 量 备 份	差 异 备 份
备份方法	备份所有文件	备份自从上一次备份后的全部改动和新文件	备份自从上一次完全备份后的全部改动和新文件
备份速度	最慢	最快	较快
恢复速度	最快	最慢	较快
空间要求	最多	最少	较多
优势	• 最快的恢复速度 • 仅需要上一次完全备份就能恢复	• 较快的备份速度 • 较少的空间需求 • 没有重复的备份文件	• 更快且简单的恢复 • 仅需要最近一次完全备份和最后一次差异备份就能恢复
劣势	• 最多的空间需求 • 大量重复的备份	• 最慢的恢复速度 • 恢复需要最近一次完全备份和全部增量备份	• 较慢的备份速度 • 存在许多重复的备份文件

1. 完全备份

完全备份即对包括系统和数据在内进行完整地备份。如果在两个备份时间点之间数据没有任何更动，那么所有备份数据都是一样的，备份系统不会检查自上次备份后档案有没有被修改过，它只是机械性地将每个档案读出、写入。备份全部选中的文件及文件夹，并不依赖文件的存盘属性来确定备份哪些文件。在备份过程中，任何现有的标记都被清除，

每个文件都被标记为已备份，换言之，清除存盘属性。

2. 增量备份

增量备份在做数据备份前会先判断档案的最后修改时间是否比上次备份的时间晚。如果不是，则表示自上次备份后该档案并没有被修改过，所以这次不需要备份。

使用增量备份最大的好处在于备份速度：它的速度比完全备份快很多，同时由于增量备份在做备份前会自动判断备份时间点及文件是否已做改动，所以相对于完全备份其对于节省存储空间也大有益处。增量备份的不足之处在于数据还原的时间较长，效率相对较低。例如，如果要还原一个备份档案，必须把所有增量备份的磁盘都找一遍，直到找到为止，如果要复原整个档案系统，那就得先复原最近一次的完整备份，然后复原一个又一个的增量备份。

3. 差异备份

差异备份与增量备份一样，都只备份变动过的数据。但差异备份是累积的，即一个档案只要自上次完整备份后曾被更新过，那么接下来每次做差异备份时，这个档案都会被备份。这表示差异备份中的档案，都是自上次完全备份之后曾被改变的档案。如果要复原整个系统，那么只需要先复原完全备份，再复原最后一次的差异备份即可。增量备份是针对上一次备份（无论是哪种备份）——备份上一次备份后所有发生变化的文件。

因此，差异备份的大小会随着时间而不断增加（假设在完全备份间，每天修改的档案都不一样）。以备份空间与速度来说，差异备份介于增量备份与完全备份之间；但不管是复原一个档案或是整个系统，速度通常比完全备份、增量备份快（因为要搜寻/复原的磁盘数目比较少）。

基于这些特点，差异备份是值得考虑的方案，而增量备份与差异备份技术也是目前所有企业级备份软件的必备功能。

4. 不同备份类型组合的示例

1）完全备份和差异备份：在星期一进行完全备份，在星期二~星期五进行差异备份。如果在星期五数据被破坏了，则只需要还原星期一的完全备份和星期四的差异备份。这种策略备份需要较多的时间，但还原数据使用较少的时间。

2）完全备份和增量备份：在星期一进行完全备份，在星期二~星期五进行增量备份。如果在星期五数据被破坏了，则需要还原星期一正常的备份和从星期二~星期五的所有增量备份。这种策略备份需要较少的时间，但还原数据使用较多的时间。

5. 数据还原点

还原点表示计算机系统文件的存储状态。"系统还原"会按特定的时间间隔创建还原点，还会在检测到计算机开始变化时创建还原点。此外，还可以在任何时候手动创建还原点。

任务实施

微课 9-5
配置、应用合
适的数据备份
计划

1. 使用 Windows Server 自带备份软件 Backup 进行备份

1）单击系统桌面左下角"开始"按钮，在打开的"开始"菜单中选择"Windows Server"→"服务器管理器"命令，打开"服务器管理器"窗口。在右上角选择"工具"→"Windows Server Backup"命令，在打开的窗口中单击右侧"一次性备份"超链接，如图 9-41 所示。

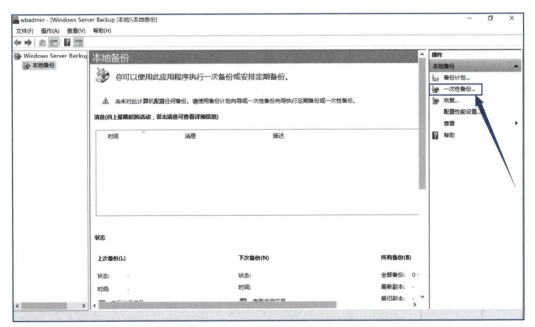

图 9-41

2）在"备份选项"页面中选中"其他选项"单选按钮，单击"下一步"按钮，如图 9-42 所示。

3）选中"自定义"单选按钮以便选择要备份文件，单击"下一步"按钮，如图 9-43 所示。

4）在弹出的对话框中选中需要备份的文件，单击"确定"按钮，如图 9-44 所示。

5）选择文件要备份到哪个目录下，再单击"下一步"按钮，如图 9-45 所示。

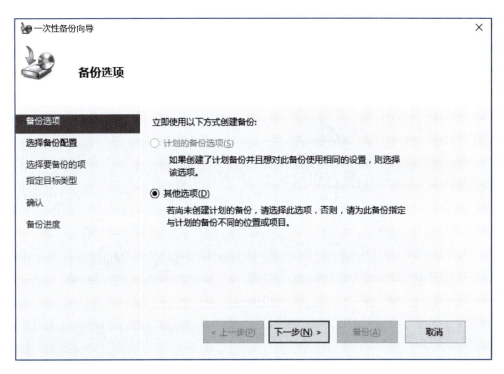

图 9-42

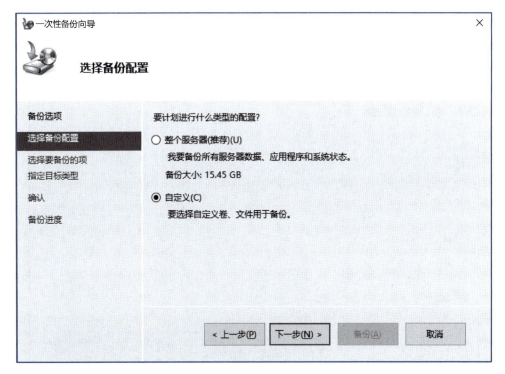

图 9-43

图 9-44

图 9-45

6）完成备份后的结果如图 9-46 所示。

图 9-46

2. 使设置备份计划

1）在"Windows Server Backup"窗口中单击右侧"备份计划"超链接，如图 9-47 所示。

图 9-47

2）在打开的"一次性备份向导"窗口中依次选中"其他选项"及"自定义"单选按钮，并单击"下一步"按钮，如图 9-48 和图 9-49 所示。

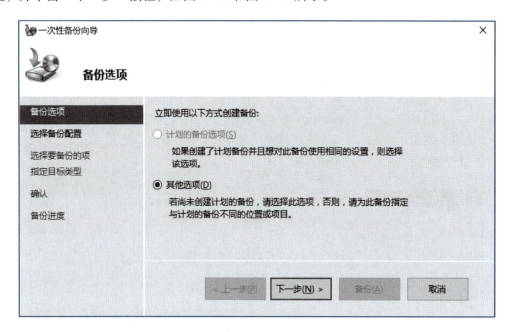

图 9-48

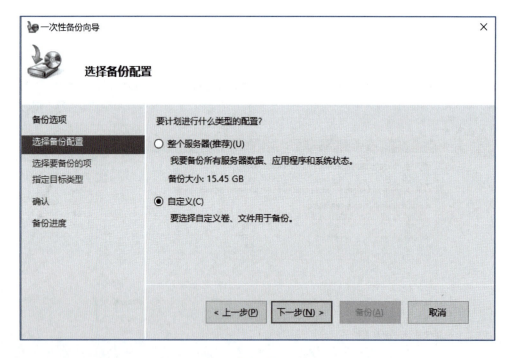

图 9-49

3）在"选择要备份的项"页面中单击"添加项目"按钮，选择需要备份文件，再单击"下一步"按钮，如图 9-50 所示。

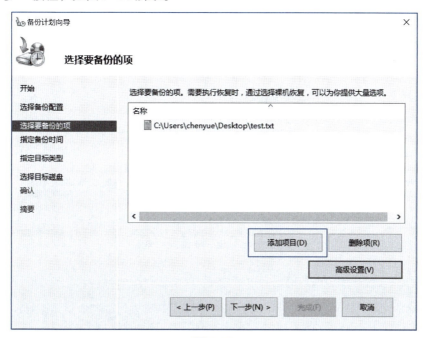

图 9-50

4）指定备份时间并单击"下一步"按钮，如图 9-51 所示。

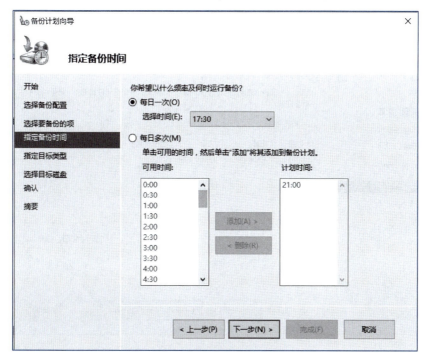

图 9-51

5）指定目标备份类型并选择备份磁盘，然后单击"下一步"按钮，如图 9-52 和图 9-53 所示。

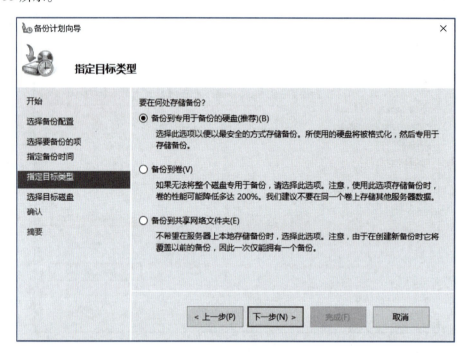

图 9-52

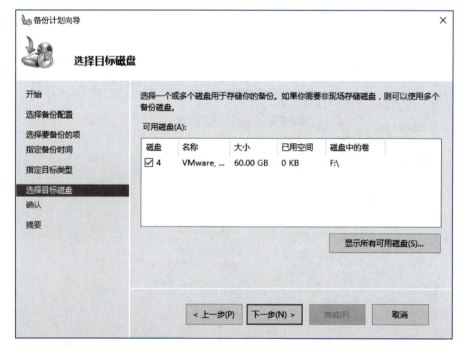

图 9-53

6）确认备份计划无误后，单击"完成"按钮，如图 9-54 所示。

图 9-54

7）使用快捷键 Win+R 打开"运行"窗口，输入 taskschd.msc 命令打开"任务计划程序"窗口。展开"任务计划程序库"→"Microsoft"→"Windows"→"Backup"目录，找到备份计划，如图 9-55 所示。

图 9-55

8）右击选中的任务，在弹出的快捷菜单中选择"属性"命令，在打开的对话框中选择"触发器"选项卡，如图 9-56 所示。

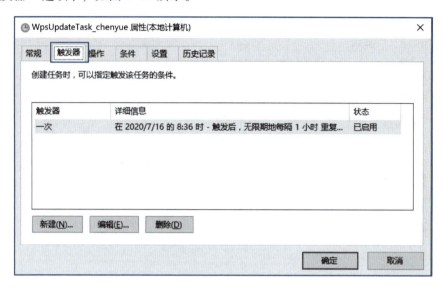

图 9-56

9）单击"编辑"按钮，编辑触发器，修改成每周日进行一次完全备份，如图 9-57 所示。

图 9-57

3. 配置差异备份计划

1）在"Windows Server Backup"窗口中单击右侧"配置性能设置"超链接，如图 9-58 所示。

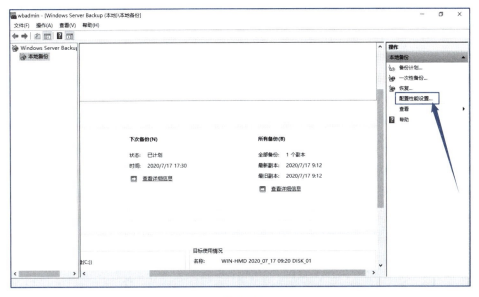

图 9-58

2）在打开的对话框中选中"快速备份性能"单选按钮，并单击"确定"按钮，如图 9-59 所示。

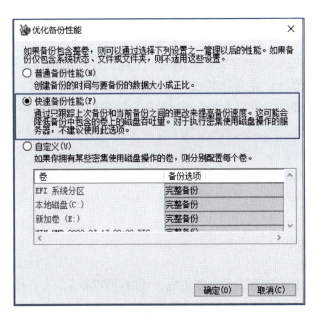

图 9-59

项目实训

　　数据是公司的命脉，决定了公司未来的发展走向。作为公司的运维人员，现要求能够对公司的重要数据进行加密及备份，需要配置 RAID 5 专门作为数据存储空间，用来存放加密以及备份的文件。

1. RAID 5 配置

1）对该服务器的磁盘卷配置存储池，命名为"Test"。
2）配置 RAID-5 卷，大小为 30GB，命名为 F 盘。

2. 数据加密

使用 VeraCrypt 创建的文件型加密卷，保证数据的安全性。

3. 数据备份

1）对数据文件完成一次完全备份，保存在 F 盘中。
2）每周日对该数据文件进行完全备份。
3）每天 17:30 对该数据文件进行差异备份。

项目总结

　　本项目通过 VeraCrypt 保护了文件数据的安全性，使用 Windows Server Backup 进一步保证了文件数据的可靠性，并通过 RAID 5 对加密及备份的文件进行更深层的安全保障。数据安全性对当今企业至关重要，企业要想挖掘数据的价值，就必须制定完整的数据保护策略。

课后习题

一、选择题

　　1. 计算机正在工作时电源突然中断供电，此时计算机（　　）中的信息会全部丢失，并且恢复供电后也无法完全恢复这些信息。
　　A. RAM

　　B.　软盘

　　C.　ROM

　　D.　硬盘

2.　把内存中的数据传输到硬盘中，称为（　　　）。

　　A.　读盘

　　B.　输入

　　C.　打印

　　D.　写盘

3.　在 Windows 的"回收站"中，存放的（　　　）。

　　A.　可以是硬盘或软盘上被删除的文件或文件夹

　　B.　只能是本机硬盘上被删除的文件或文件夹

　　C.　只能是软盘上被删除的文件或文件夹

　　D.　可以是所有外存储器中被删除的文件或文件夹

4.　Windows 中使用的可以读取大文件的硬盘文件类型是（　　　）。

　　A.　FAT

　　B.　FAT32

　　C.　NTFS

　　D.　FTP

5.　Windows Server 2016 中自带的备份工具为（　　　）。

　　A.　Windows Server Backup

　　B.　Veritas BACKUP

　　C.　DiskGenius

　　D.　SynCovery

6.　在 Windows Server 2016 中创建存储池需要（　　　）个动态硬盘。

　　A.　1

　　B.　2

　　C.　3

　　D.　4

7.　以下阵列中，可以保证数据处理过程中如果有一个硬盘损坏，可以通过其他硬盘恢复的是（　　　）。

　　A.　RAID 5

　　B.　RAID 0

　　C.　RAID 1

　　D.　RAID 0+1

8.　磁盘阵列存储有校验数据，可提供数据容错能力的是（　　　）。

　　A.　RAID 0

　　B. RAID 1

　　C. RAID 5

　　D. RAID 2

9. 在数据处理过程中，删除多余的重复数据、补充缺失的数据、纠正或删除错误的数据，这些工作属于（　　　）。

　　A. 数据清洗

　　B. 数据加工

　　C. 数据转换

　　D. 数据分析

10. 数据处理过程中，以下顺序正确的是（　　　）。

　　A. 收集数据—整理数据—描述数据—分析数据

　　B. 收集数据—整理数据—分析数据—描述数据

　　C. 收集数据—分析数据—整理数据—描述数据

　　D. 收集数据—分析数据—描述数据—整理数据

二、判断题

1. 删除 Windows 下的文件即可彻底销毁文件。　　　　　　　　　　　　（　　　）

2. 在数据销毁环节，安全目标是保证磁盘中存储数据的永久删除、不可恢复。

　　　　　　　　　　　　　　　　　　　　　　　　　　　　　　　　（　　　）

3. 数据安全生命周期分为采集、传输、存储、处理、交换、销毁几个阶段，其中数据处理阶段是整个周期的核心阶段。　　　　　　　　　　　　　　　　　（　　　）

4. 在数据的保存过程中，机密的数据处于安全的空间则不需要对其进行加密处理。

　　　　　　　　　　　　　　　　　　　　　　　　　　　　　　　　（　　　）

5. 输入、处理、输出是计算机数据处理过程中相互关联的 3 个环节，1 个环节上的控制将影响其他环节的数据处理，所以数据应从整体角度加以考虑。　　　（　　　）

6. 在数据的健康发展中，数据处理是最重要的。　　　　　　　　　　　（　　　）

7. 在 Windows 中即使清除了回收站中文件，注册表中仍会保留一定文件信息。

　　　　　　　　　　　　　　　　　　　　　　　　　　　　　　　　（　　　）

三、简答题

1. 简述数据处理过程中应该避免哪些人为误操作，以保证数据处理安全。

2. 简述 Windows 删除文件流程。

［1］迟恩宇，刘天飞．网络安全与防护［M］．北京：电子工业出版社，2009．

［2］姜惠民，刘宝庆．网络组建与互联［M］．北京：电子工业出版社，2009．

［3］吴金龙，洪家军．网络安全［M］．2 版．北京：高等教育出版社，2009．

［4］陈性元，杨艳，任志宇．网络安全通信协议［M］．北京：高等教育出版社，2008．

［5］Richard S. TCP/IP 详解（卷 1：协议）［M］．范建华，胥光辉，张涛，等译．北京：
机械工业出版社，2007．

［6］Paul G，Chuck B. 软件定义网络原理、技术与实践［M］．北京：电子工业出版
社，2016．

资源服务提示

欢迎访问职业教育数字化学习中心——"智慧职教"（www.icve.com.cn），以前未在本网站注册的用户，请先注册。用户登录后，在首页或"课程"频道搜索本书对应课程"企业网络安全防护"进行在线学习。用户也可以在"智慧职教"首页下载"智慧职教"移动客户端，通过该客户端进行在线学习。